KB020694

why
패시브하우스

why
패시브하우스

초판 발행 | 2019년 02월 25일
2 판 발행 | 2021년 09월 01일

저　자 | 김창근

발행인 | 이인구
편집인 | 손정미
글옮김 | 선하
디자인 | 나정숙

출　력 | (주)삼보프로세스
종　이 | 영은페이퍼(주)
인　쇄 | (주)옐컴피앤피
제　본 | 라정문화사

펴낸곳 | 한문화사
주　소 | 경기도 고양시 일산서구 강선로 9, 1906-2502
전　화 | 070-8269-0860
팩　스 | 031-913-0867
전자우편 | hanok21@naver.com
출판등록번호 | 제410-2010-000002호

ISBN | 978-89-94997-40 7 13540
가격 | 20,000원

why
패시브하우스

김창근 지음

한문화사

들어가는 말

누구에게나 돌아갈 곳은 '집'입니다.
집은 지친 몸과 마음을 누이고
새로이 기운을 차리는 특별한 공간입니다.

예전 빈곤했던 세대들은
'작아도 좋으니 내 집 한 칸만 있었으면...'
하는 말을 입에 붙이고 살았습니다.

'내 집 한 칸'

이 말에는 나만의 혹은 내 가족만의 공간에서
안정과 자유를 보장받고 싶은 마음이 들어 있습니다.
그리고 의식주 중
유일하게 재산으로 취급되고 있는 집 한 칸은
다른 어려운 것들을 커버하는 든든함이었습니다.

하지만 시대가 바뀌며
지난 세대가 꿈꾸었던 집 한 칸과
요즘을 사는 사람들이 생각하는 집의 정서는 많이 바뀌었습니다.

아파트 붐이 일어나면서
직간접적으로 누구나 한 번쯤은 공동주택에서의 불편함을 경험하게 되고
시스템적인 편리성보다
나와 내 가족의 사생활 보장에 더 의미를 두게 되었습니다.
노후 세대든 에코 세대든 단독주택으로의 의식 전환이 많아지고 있다는 것은

건축 상담을 통해 부쩍 체감하고 있는 부분입니다.
사소하지만 중요한 일상이 매일 반복되는 공간 '집',
잠을 자고 밥을 먹고 쉬고 정서를 나누는 곳이기에
그래서 우리는 우리의 집이 더 편안하기를 원합니다.

면적이나 공간에 대한 구성은 저마다 다를 수 있지만
그 외에 우리가 원하는 것은 크게 다르지 않습니다.
겨울에는 따뜻하고 여름에는 시원한 열적 쾌적성과
그런 컨디션을 유지하는 비용에 부담이 적은 집을
누구나 첫손가락에 꼽고 있으니까요.

이러한 요구 조건에 가장 부합하는 집이 패시브하우스입니다.
패시브하우스의 시초는 독일이고
그들의 기준에 준하여 세계 각국에서 인증을 도입하고 있습니다.
실내온도 20도 유지를 기준으로
1년에 1제곱미터당 난방유를 1.5리터 이하로 소비하는 건축물이어야
패시브하우스 인증이 허락되는데
이는 2001년 이후 우리나라 일반주택이 필요로 하는 16리터와 비교하면
그 차이가 매우 큼에 놀라는 분들이 많습니다.

2010년 우리나라 최초의 인증 목조 패시브하우스를 시작으로
불모지에 씨앗을 뿌리듯 오늘까지 지어 온 패시브하우스는
건축주의 만족감을 업고 여기까지 온 게 아닌가 합니다.

집 짓는 일을 업 삼으며
수없이 반복해 온 책임감과 희열의 시간을 뒤돌아봅니다.
대개는 땅을 사고 찾아오는 건축주를 맞습니다.

내 마음에 드는 땅을 샀으니
그다음 할 일은 내 마음에 드는 집을 지어야 하지요.

'내 마음에 드는 집'

그 자체로도 얼마나 흥분되는 일일까요.
그저 아파트 한 채를 장만해도 얼마나 기분이 좋은데 말이지요.

시공사를 찾기 전 건축주는 참 여러 날 많은 시간 고민할 겁니다.
나무집을 지을까, 벽돌집을 지을까.
벽과 지붕은 무슨 색으로 할까.
또 방은 몇 개로 할까.

가족이 머리를 맞대고 행복한 밑그림을 마치면
그때부터 시공사를 찾는 어려운 시간이 찾아옵니다.

대형 건설업체에서 지은 아파트에도
살다 보면 이런저런 하자가 나오는데
도대체 어떤 회사가 집을 잘 짓는지 알 수가 없습니다.

주변 혹은 건너 건너 아는 사람을 통해 들어도
정말 잘 지은 집에서 활짝 웃더라 소리보다
어쩐지 불안한 이야기를 더 많이 들은 느낌입니다.

"계약 잘못하면 큰일 난다."

"공사 중간에 자꾸 돈을 더 달라더라."

"아이고, 집을 짓다 말고 업자가 사라졌다더라."

"큰돈 들여 지었는데 살다 보니 물이 새더라."

"아무리 보일러를 돌려도 그때뿐이라네."

내 집 짓기를 앞두고 듣는 소리 중 몇 가지지만
이 중 어느 하나도 가볍게 느껴지는 건 없습니다.
집 짓는 일이 큰일인 만큼 부정적인 소리가 더 크게 들리기 마련이지요.

인터넷으로 시공사 홈페이지를 찾아 들어가면
모두 잘 지었단 이야기만 가득한데
도대체 그게 진짜인지 부풀린 건지 구분하는 기준도 모호합니다.

오랜 시간 집 짓는 일을 한 사람으로서 여러 건축주를 만나다 보니
앞에 앉은 건축주가 어떤 생각으로 걱정을 하는지 느껴질 때가 있습니다.
얼른 그 마음을 지우고 믿음을 드리고 싶은데
내 양심을 버선목처럼 뒤집어 보일 수 있는 것도 아니라
그저 열심히 설명하고 이해시키는 방법밖에는 없었습니다.

그러다 2008년 정부의 정책사업의 하나인 그린홈 100만호 사업,
그 첫발인 그린홈 제로하우스 시범주택 시공에 참여하게 되었습니다.
이미 몇 년 전부터 패시브하우스의 본국인 독일에 사는 누님께
패시브 관련 서적을 공수받아 공부하고 있던 터라
그 기회는 제게 본격적으로 패시브하우스를 짓겠다는 결심을 굳히게 했습니다.
주변에 패시브하우스를 지어 본 사람이 없으니
뭘 모를 때 물어볼 사람도 없는 불모의 상태.

2009년은 온갖 몸 고생 마음고생 끝에
우리나라 최초로 목조 패시브하우스를 인증받은 해였습니다.
그 한 채가 가져온 중독 증세가 오늘까지 이어진 셈이지요.
내가 짓는 집이 제대로 지어진 집이라고 확인 도장을 받는 일.
그 엄격하고 까다로운 절차와 과정을 거쳐도
그거 하나면 마음 그득하게 흡족해져서
다음 집, 또 다음 집을 지을 기대 속에 보낸 시간이 9년입니다.

패시브하우스에 대해 아직도 갸우뚱하는 사람들이 다수지만
전원주택 단지가 조성되는 주변에는
건축주의 간절한 기대를 이용해
패시브하우스 혹은 제로하우스 전문이라는 광고가 어수선한 것을 자주 봅니다.

한 분야에 대해 깊이 있는 지식과 경험이 있어야 붙일 수 있는
'전문'이라는 말이 이렇게 무책임하게 남발되나 싶어 차를 멈추고
그들의 광고를 읽어 내려간 적이 있습니다.

이 지면을 빌어
집을 짓고자 하는 예비 건축주분들께
명심하십사 드리고 싶은 조언이 있습니다.
패시브하우스는 쉬운 집이 아닙니다.
엄격한 기준에 엄격한 재료 엄격한 기술이 만나야
비로소 인증 패시브하우스로 기록되는 집입니다.

한국패시브건축협회의 인증을 받은 패시브하우스는 현재 100여 채.
'인증 패시브하우스'는
건축주와 시공사 사이의 약속대로 잘 지어졌다고 증명된 건축물입니다.

9년 동안 30여 채의 패시브하우스를 설계 시공하면서
약속한 인증 성적이 안 나오면 잔금을 받지 않는 것을 원칙으로 삼았습니다.
그것은 건축주들의 불안감을 덜어 주기 위해서이기도 하고
이 분야에 자부심을 갖고 집중하고 있는 스스로의 자존심 때문이기도 합니다.
타성에 빠져 혹여 자만할까 싶은 우려에 장치를 걸고 긴장을 유지한 것입니다.

이 책은 어느덧 9년 전이 되어버린
여정 같은 저의 시간 속에 동참해 주신 건축주들의 이야기
그리고 그들이 사는 패시브하우스에 대한 이야기를 담아낸 것입니다.

우리나라에 사단법인 한국패시브건축협회가 설립된 지 9년.
그동안 전문 건축가들의 손에서 쓰인 패시브 전문 서적과는
깊이와 내용 면에서 비교 대상이 될 수 없지만
어려운 용어와 이론은 최대한 배제하고
현장에서 직접 기밀 테이프를 붙여 가며 지었던 집,
패시브하우스의 이야기를 들려 드리고자 합니다.

'패시브하우스'

어디서 들어본 것 같기는 한데 아직도 생소하게 느껴지는 용어.
저는 이 책이 누구나의 손에서 쉽게 읽혀
우리가 살고 싶은 집
우리가 살아야 할 집의 기본지침이 되길 희망합니다.

2019년 정월 김창근

추천사

건축가 홍도영 / '패시브하우스 설계 & 시공 디테일' 저자

23채의 건물과 패시브하우스를 향한 긴 여정

'아마 내 생각이 맞을 거야!'
라고 생각하고 풍산의 김창근 대표가 알려준 링크를 마우스로 누르고 그동안 시공된 23채의 사연을 하나하나 읽어 내려가기 시작했다.

'그러면 그렇지!'
역시나 내 생각이 틀리지 않았다. 더하지도 덜하지도 않은 딱 그분의 겸손한 인성이 느껴지는 그런 잔잔한, 하지만 하나하나의 목소리를 개성 있게 담아내는 그런 공간 들에 대한 기록이었다.

항상 하던 생각이 있다. 만일 이런 분이 내가 생활하고 일하는 여기 독일처럼 패시브 하우스에 적합한, 나아가 그들이 하고자 하는 목표를 이루기 위한 건축자재를 어디 서나 쉽게 구입하고 풍부한 시스템의 서비스를 누릴 수만 있다면, 아마 '땅 짚고 헤엄 치기' 같은 일일 것이라고. 그러면 아마도 대한민국은 이 분야에서 벌써 세계 1위를 하고도 남았을 것이다.

이 책에 소개된 건물들은 부족한 자재와 시스템 속에서 이루어 낸 가치이기에 무엇 보다도 의미가 크다. 시스템이 잘 갖춰진 그들의 결과와는 사뭇 다르다. 또 여러 어려 움 속에서도 이것만은 지켜야 한다는 자존심이 이루어낸 값진 결과라고 생각한다.

그런데도 부족한 2%가 있다. 이는 비단 시공하는 분들의 문제는 아니다. 이런 분들이 피부로 느끼는 현장의 문제점을 해결하기 위한 큰 그림을 전문가 단체와 관련 기관 그리고 생산업체에서 아직 그려내지 못하고 있다는 것이다. 산발적으로 흩어진 공통 된 마음을 모으는 일이 무엇보다도 시급해 보인다. 이 부족한 2%가 채워지는 날이 다음 만남이 되길 바란다.

김 대표님!
감사합니다! 수고하셨습니다! 그리고 존경합니다!

추천사

민승기 / 감정평가사, 전주 중인동 건축주

집을 지으려고 4~5년 준비하면서 책도 많이 사보고 현장 방문도 하고 인터넷도
뒤지면서 공부하다가 눈에 들어온 분이 김창근 대표이다.

우리나라에 이제 시작인 패시브하우스를 제대로 지어 보겠다고 열심히 연구하고
실행하는 모습에서 이분이면 우리 집을 맡겨도 되겠다 싶어서 집사람하고 같이
경기도 사무실까지 방문하여 집을 짓게 되었다.

시공과정에서도 기대를 저버리지 않고 꼼꼼하게 시공해주는데 동네 사람들이 다
놀랄 정도였다. 집을 짓는 동안 건축주와 업체 간에 다툼도 많다는데 나는 현장
소장과 시공단계별로 소통하며 궁금한 것은 배워가면서 집을 지었다. 주변에
집을 지은 분들에게 물어봐도 나 같은 경우는 없는 것 같다.

건축주로서 업체의 추천사를 써 줄 수 있다는 자체가 기분 좋은 일이며, 다른 예비
건축주들도 김창근 대표를 직접 만나서 얘기를 해보면 다른 분들한테서 느낄 수
없는 열정과 진정성을 느낄 수 있으리라 생각한다.

이 글도 2층 내 방에서 쓰고 있는데 좋은 집을 지어 주셔서 감사하고 하시는 모든
일이 번창하시길 빈다.

추천사

오대석 / (사)한국패시브건축협회 사무국장

요즘은 일반인들 사이에서도 건강하게 살 수 있는 집에 대한 관심이 높아지고, 언론에서도 기사화되면서 '패시브하우스'라는 단어를 한 번쯤은 들어봤을 정도로 알려지게 되었습니다.

㈜풍산우드홈의 김창근 대표님은 2009년 (사)한국패시브건축협회가 창립된 때부터 정회원사로 참여하시면서 우리나라 패시브하우스의 역사와 함께하신 분이라고 할 수 있습니다.

'길을 개척한다는 것'

패시브하우스 관련 건축자재 하나 구하기 어려운 초창기부터 본 협회 패시브하우스 인증을 진행하며, 옆에서 함께 고민하고 도전하며 걸어오신 길을 잘 알고 있기에 책에 소개된 23채의 '집'에 담긴 애정과 자부심이 오롯이 전해지는 것 같습니다.

이 책을 구성하고 있는 시공과정의 에피소드와 건축주들의 목소리는 패시브하우스를 준비하고 있는 예비 건축주들에게 미리 고민해야 할 것들에 대한 힌트와, 시공사가 어떤 고민을 하고 접근하는지를 알고 서로 소통하는 데 도움을 줄 수 있을 것으로 기대합니다.

따뜻하고 건강하게 살고 싶으신 분들, 열심히 노력하는 전문가들이 좋은 대우와 자부심을 가질 수 있도록 협회도 항상 노력하며 응원하겠습니다.

추천사

독일 빌딩공학박사 윤용상 / 전 한국건설기술연구원 수석연구원

패시브하우스는 건축 물리학에 기반을 둔 가장 지혜로운 건축물이다. 세밀한 설계, 섬세한 시공, 꼼꼼한 감독, 물질에 대한 이해 그리고 쾌적한 실내 환경에 대한 바람들이 담겨있다. 패시브하우스는 고난이도의 기술과 전문인의 열정에서 탄생한다. 이런 이야기를 담은 한 권의 책이 있어 반갑다. 그리고 저자가 멋있고 존경스럽다.

저자는 기술이 갖는 간혹 딱딱하고 무미건조한 한계를, 수필 형식을 빌려 자연스럽게 서술하면서도 패시브하우스가 갖는 기술적 의미를 저자의 삶에 빗대어 누구나 쉽게 이해할 수 있도록 표현한다.

자유로운 서술은 '못 박기' 상황까지도 디테일하게 설명하며, 건축주와 상의하고 고민한 장면들을 고스란히 담아내고 있다. 특히 하우스마다 '설계 포인트'를 통해 적용 기술을 요약해주는 살가움과 함께, 방대한 사례를 소개함으로써 건축, 설계, 시공 등 관련 분야 종사자들에게 패시브하우스에 대한 매우 유용한 정보를 다양한 방식으로 제공한다.

소개된 사진 자료들을 통해 다양한 시간과 공간 그리고 인간 삶의 현장들이 상상된다. 또한 '건축주 한마디'는 바로 나의 이야기가 될 것이다. 나만의 또는 우리만의 '집'을 마주할 때 비로소 갖게 되는 진솔한 삶의 공간에 대한 고민의 흔적들이 가슴속 깊은 메아리로 울려 퍼진다. 삶의 터전을 직접 마련하고자 하는 분들께 반드시 이 책을 읽어보기를 권하고 싶다.

PART
01

패시브하우스의 이해

PASSIVE

HOUSE

1. 패시브하우스란

● 경기도 분당 판교에 지은 2.5리터 패시브하우스

패시브하우스는 어떤 집인가요?

이 질문에 대한 답은 곧 여러분의 입에서 나오게 됩니다.
어떤 집에서 살고 싶으십니까?
집의 모양이나 크기 말고
집에 대한 공통적인 희망 사항은 모두 같습니다.
겨울에 따뜻한 집, 그리고 난방비 적게 드는 쾌적한 집.
그렇습니다.
지금 여러분이 원하는 집이 바로 패시브하우스입니다.

겨울에 따뜻하고 쾌적하며 난방비가 적게 드는
이 두 가지를 충족시켜주는 집이라면
정말 잘 지은 집이라고 해도 뭐라 할 사람이 없을 것입니다.

그렇다면 패시브하우스의 원리는 무엇인가요?

이제부터 차근차근 쉽게 말씀드리겠습니다.
패시브하우스는 보통 보온병에 비유합니다.
더운 물을 채우면 아주 오래도록 그 온도를 유지하고
차가운 물을 채우면 그 역시 같은 효능을 내는 보온병.
보온병은 외부온도에 최대한 영향을 받지 않도록 만들어진 용기입니다.
패시브하우스 역시 마찬가지입니다.
무한에너지인 태양의 열과 빛을 최대한 실내로 끌어들여
따뜻해진 실내온도를 외부에 빼앗기지 않고 오래 유지하도록 지어진 집이니까요.

가끔 실내온도가 따뜻한 집을 보면
"그 집은 단열이 잘 되었나 봐."라는 말을 하지요.

맞습니다.

단열이 잘 된 집은 따뜻합니다.

그렇다면 '기밀이 잘 된 집' 이란 말을 들어보신 적이 있는지요?

아마 이 질문에는 고개를 갸우뚱하는 분이 많으실 겁니다.

하지만 겨울에 따뜻하고 난방비가 적게 드는 패시브하우스에서

단열과 기밀 성능은 떼려야 뗄 수 없는 짝꿍입니다.

기밀은 위에서 언급한 보온병과 같은 원리로써

집의 모든 틈새를 기밀하게 막는 작업을 뜻합니다.

아무리 좋은 단열재를 많이 쓴다 해도 기밀이 잘 안 된 집은

결로가 생기고 그로 인해 곰팡이가 생기게 됩니다.

예를 들어 보겠습니다.

한여름 유리잔에 차가운 물을 담으면

곧 유리잔 표면에 물방울이 맺히는 걸 본 적이 있을 겁니다.

그것이 바로 결로입니다.

결로는 습도와 안팎의 온도 차이에서 발생하는 것으로 따뜻한 쪽에 생깁니다.

기존 단독주택 집안을 살펴보면

천정과 벽면이 만나는 부분은 단열과 기밀이 끊어지기 쉬운 위치로

열교현상에 의해 찬 공기와 더운 공기가 만나게 되며

그로 인해 결로와 곰팡이가 생기게 됩니다.

그래서 패시브하우스는 끊기지 않은 단열 작업과

외부의 차가운 공기를 차단하는 기밀 성능 확보가 매우 중요합니다.

따뜻한 실내공기와 차가운 외부 공기가 만나지 않도록

완벽히 단열하고 엄격하게 기밀작업을 하는 것은 패시브하우스의 기본입니다.

그래야만 쾌적성을 확보하고 결로와 곰팡이를 차단할 수 있기 때문입니다.

● 기밀은 집의 모든 틈을 막는 작업이다. 지붕과 벽체 사이, 벽체와 벽체 사이, 벽체와 창틀 사이, 즉 모든 연결 틈새를 특수한 테이프로 엄격히 막아 바람과 습기 유입을 차단한다.

● 초기 패시브하우스 기밀작업 현장의 모습. 테이프에서 떼어낸 박리지 조각이 2천 장 넘게 나왔다. 조금이라도 잘못 붙이면 떼고 새 테이프를 붙여야 하는 매우 신중한 작업이다. 이 기밀 작업내용은 곧 인증 성적과 연결된다.

집의 모든 틈새를 막는다.
그렇다면 어떻게 숨을 쉬지?

지금부터 패시브하우스의 환기시스템에 대하여 말씀드리겠습니다.
여러분이 궁금해 하는 것처럼 실내의 산소량은
사람의 건강과 매우 밀접한 관계가 있고 중요합니다.
보온병의 원리로 지어진 패시브하우스는 '열회수환기장치'가 필수입니다.
환기장치에 대해서는 들어본 적이 있지만
열회수환기장치가 무얼까 궁금하시지요?

● 열회수환기장치

패시브하우스는 적은 에너지로
따뜻한 실내온도를 유지하도록 지어진 집입니다.
그런데 한겨울에 환기를 위해 창문을 열면 어떻게 될까요?
순식간에 온도계의 수치가 곤두박질 치게 될 것입니다.

열회수환기장치는 창문을 열지 않고도
오염된 실내공기를 배출시켜 환기하고
필터를 통해 초미세먼지까지 거른 깨끗한 공기를
실내에 공급하는 역할을 합니다.
이때 실내에 들어오는 차가운 외부 공기는
배출되는 따뜻한 공기와 교차하며 그 열로 데워지게 되지요.
만약 실내온도가 23도라면 외부에서 들어오는 공기는
나가는 공기의 열을 회수하여 약 18도의 온도로 실내에 공급됩니다.
그래서 패시브하우스는 창문을 열어 환기하지 않고도
따뜻하고 쾌적한 실내를 유지할 수 있는 것입니다.

이처럼 기밀성능과 단열이 중요한 패시브하우스에서
열회수환기장치는 필수 요소일 수밖에 없습니다.

이 장치가 기능함으로써 실내의 공기 질 뿐 아니라
대략 겨울철 난방비의 30%, 여름철 냉방비의 20% 이상 절약됩니다.

물론 한여름이나 한겨울 그리고 미세 먼지가 많을 때를 제외한 날엔
일반주택처럼 창문을 열어 환기할 수 있습니다.
즉, 일반주택에서 외부온도나 미세먼지 등으로 환기할 수 없을 때
패시브하우스는 열회수환기장치를 작동하여
쾌적한 실내온도와 깨끗한 공기의 질을 보장받을 수 있는 것입니다.

● 정읍 건축주가 직접 찍은 사진.
3주 가동한 열회수환기장치의 오염된 필터로,
현재 우리가 호흡하는 공기의 질이 얼마나 심각
한 수준인지 알 수 있다.

3중유리 유럽식 시스템창호

그리고 패시브하우스는 태양의 빛과 열에너지를 최대한 활용합니다.
바깥이 아무리 추워도 햇빛이 들어오는 창가는 참 따뜻합니다.
잘 배치된 남향집은 낮 동안 햇빛만으로도 보일러를 돌릴 필요가 없습니다.
그래서 패시브하우스는 남쪽 창문을 크게 내어 일사취득량을 극대화합니다.
패시브하우스에 설치하는 창호는 일반적인 유리가 아니며
적외선 반사율이 높은 Low-E 코팅이 된 3중유리와
창문이 닫힐 때 고무 패킹을 강하게 압착하여 기밀성능이 확보되는

유럽식 시스템창호를 채택합니다.

패시브하우스에 있어 창호는 아주 큰 비중을 차지하는데

이는 곧 일사량의 확보 및 단열과 직결되기 때문입니다.

패시브하우스에서 창문 틈으로 술술 새는 찬바람은 상상할 수 없습니다.

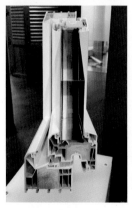 

● 독일 엔썸캐멀링 창호회사 전시장의 모습

외부차양장치

자, 그럼 여름엔 어떻게 쾌적성을 유지할까요?

패시브하우스의 마지막 요소는 외부차양장치입니다.

한여름 아침저녁으로 깊숙이 들어오는 햇빛은 반갑지 않습니다.

옆 사람의 체온마저도 불편한 계절에

원치 않는 햇빛을 차단해 주는 것이 바로 외부차양장치입니다.

이 장치는 창호 외부에 설치하는 전동블라인드로서

햇빛이 유리에 직접 닿는 것을 막아

실내온도의 상승을 막는 역할을 하는데 이는 매우 효과적입니다.

그뿐만 아니라 겨울철에는 실내 복사열이 외부로 빠져나가지 못하도록

보온 기능도 합니다.

● 독일의 패시브 마을 공동주택에 설치된 외부 차양의 모습

● 여름철 외부 차양을 내리면
실내온도가 4~5도 내려간다.

낮에는 차양을 열어 일사량을 확보하고
밤에는 차양을 닫아 건물의 보온성을 높이는 것이지요.
창 내부에 블라인드를 설치하면 35% 정도의 열 흡수를 줄이지만
블라인드를 창 외부에 달면 75% 정도의 태양의 빛과 열 흡수량을 줄일 수 있어
여름철 실내온도 조절과 에너지 관리에 절대적 역할을 하게 됩니다.

초기 건축비는 일반주택 건축비보다
5가지 패시브 요소기술이 적용되므로 20~30% 정도 비용이 증가하지만,
장기적으로는 비용 절감효과를 볼 수 있습니다.
계절마다 난방과 냉방에 큰 비용을 들이면서도
유해하고 쾌적하지 못한 조건에서 사는 것에 비하면
돈으로도 살 수 없는 쾌적함과 주거 만족감을 느끼신다고 하는
건축주들의 의견이 대다수입니다.

패시브하우스가 처음 도입된 독일의 경우는
매우 엄격한 기준을 적용하고 있는데 실내온도를 20도로 유지하는 조건으로
1제곱미터당 1년간 소비되는 난방유가 1.5리터 이내이어야 한다고 규정합니다.
이는 우리나라 2001년~2013년 사이에 지어진 주택의 소비 연료
약 16리터에 비하면 10분의 1에도 못 미치는 수준입니다.

좀 더 이해를 돕기 위해 30평형 면적을 적용해
3리터 패시브하우스의 난방용 등유 소비를 계산해 보면 다음과 같습니다.

> **30평형 3리터 패시브하우스 연간 난방비**
> 30평형×3.3㎡=약 100㎡×3리터/년=300리터×리터당 1,000원 기준=30만원/연간

패시브하우스는 위와 같이 난방비 부담에서 크게 자유롭고
24시간 공급되는 쾌적하고 신선한 실내공기의 항상성으로
아토피와 천식이 개선되는 경험에 놀라워하기도 합니다.
'어디에도 견줄 수 없는 건강 주택'
이는 패시브하우스에서 사는 건축주들이 자부심을 갖고 하는 말입니다.
이러다 보니 일 년 단 몇 차례 친척 집에 가서 하루 이틀 묵게 되면
몸이 느끼는 쾌적함의 차이로 인해
얼른 패시브 보금자리로 돌아오게 된다는 말을 듣곤 합니다.

● 전주 중인동 2리터 패시브하우스

● 남양주 3리터 패시브하우스

● 화천 힐링리버 3리터 패시브하우스

● 인천 경서동 4.1리터 패시브하우스

2. 패시브하우스 조금 더 알아보기

예비 건축주가 처음 집짓기를 계획할 때는
참 여러 가지 생각과 고민을 하게 됩니다.

저는 지금부터 우리에게 이로운 집을 제시함으로써
그 생각과 고민을 지혜롭게 정리하는 데 도움이 되고자 합니다.

'이로운 집'은
에너지 절감과 건강 측면,
이 두 마리 토끼를 모두 잡는 집이어야 합니다.
이에 따라
현재까지 많은 연구와 고민이 만들어 낸 집 중
가장 이로운 집이 패시브하우스입니다.

패시브하우스는
설계 단계부터 외형의 기교를 최대한 절제합니다.
즉, 단순한 모양의 집인 것입니다.
머릿속에 상상했던 꿈의 집을 허물고
단조로운 사각 박스를 떠올리면
어쩐지 좀 실망스러울 수도 있습니다.

그렇다면 '이로운 집'은 왜 개성적인 외형을 포기해야 할까요?
그것은 극단적으로 단조로울수록 기능 면에서 뛰어나기 때문입니다.
물론 머릿속에 생각했던 예쁜 집을 지을 수도 있습니다.
하지만 그 외형을 구현하기 위해 필요한 기술적 노력과 시간,

● 정읍에 지어진 2.2리터 패시브하우스.
전형적인 패시브하우스의 외관으로 설계되었다.
이 단순한 집은 어느 집보다 뛰어난 에너지
효율성을 자랑한다.

그리고 가장 현실적인 비용 문제에 접하면 이야기는 달라집니다.
일반적으로 짓는 집에 비해 안 그래도 차이가 나는 건축비가
모양을 많이 낼수록 부담이 가중될 테니까요.
여기까지 나온 이야기만으로도
패시브하우스가 어떤 집인지 궁금하지 않으십니까?

패시브하우스가 아니더라도
집이 앉혀지는 방향은 아주 중요합니다.
계절과 해의 이동에 따라 집 안에 들어오는 햇빛의 양이
실내온도를 좌우한다는 것을 알고 있기 때문입니다.
'겨울엔 많이 여름엔 적게'
우리의 햇빛 요구량은 이렇게 계절마다 달라집니다.

그러므로 창호는 아주 중요한 역할을 하며
그 재료가 특수해야만 합니다.
겨울의 경우
낮에는 창문을 통해 들어오는 햇빛을 충분히 활용해야 하고
밤에는 난방으로 데워진 실내온도를 빼앗기지 말아야 합니다.

우리나라 아파트나 기존의 주택에 적용한 창호는
보통 일반창호로 대부분 미닫이나 여닫이의 개폐 방식입니다.
하지만 일반창호로는 에너지 효율성을 기대할 수 없기 때문에
이미 미국이나 유럽에선 시스템창호를 도입한 지 오래입니다.

시스템창호는 미국식과 독일식으로 구분합니다.
미국식 시스템창호는 규격이 정해져 있고
미닫이 방식으로 프레임이 얇고 가볍습니다.
이에 비해 독일식 창호는 여닫이 방식으로
보다 엄격한 기준 하에 생산되어 그 기능이 매우 우수합니다.
그 때문에 무겁고 두꺼우며 시공이 까다롭습니다.

창호는 예전보다 비약할 만한 발전을 거듭해
단지 바람을 막고 바깥을 내다볼 수 있는

단순 기능을 넘어선 지 오래입니다.

패시브하우스에 쓰이는 창호는
기밀성, 단열성, 수밀성, 내풍압성, 차음성의 기능을 만족시켜야 합니다.

기밀성은 내외부의 공기가 안팎으로 나가는 정도를 차단하는 성능이며
단열성은 창밖과 실내 사이에 열이 전달되는 정도를 말합니다.
수밀성은 외부에서 내부로 물이 들어오는 정도,
내풍압성은 바람의 압력에 견디는 강도,
차음성은 소리와 진동을 차단하는 성능으로
이러한 조건을 만족시켜야
우리가 기대하는 에너지 절감 효과를 볼 수 있습니다.

시스템창호의 내용을 들여다보면
일반창호와 달리 3중유리에 Low-E 코팅이 되어 있습니다.
이는 유리에 특수 금속막을 입힌 것으로
창문을 통하여 발생하는 열손실의 주원인인
복사열을 막는 기능을 합니다.

● 3중유리에 라이터 불빛을 비췄을
때의 모습. 6개의 불빛을 확인할 수
있는데 붉게 보이는 면의 유리에
로이코팅이 되어 있다.
(출처 : 한국패시브건축협회)

● 패시브하우스에 필수 요소인 시스템창호의 온도측정 모습. 실내 벽과 창호 모서리의 온도 차이는 매우 미세하며 유리 온도도 일반주택의 창과 크게 비교가 된다. 시스템창호는 바깥 온도가 크게 내려가도 실내의 유리 표면 온도는 17도 이상을 유지하는 성능을 지녔다. 일반적으로 한겨울에 창문을 통해 열에너지를 빼앗겨 추운 일반주택과 달리 패시브하우스가 따뜻한 실내온도를 유지할 수 있는 중요한 기술요소이다.

그리고 유리와 유리 사이에 아르곤 가스를 주입하고 단열간봉을 설치합니다.
아르곤가스는 공기보다 무겁고 움직이지 않는 특성으로
단열성능을 높여주기 때문에
외부의 찬 공기의 유입을 막고
내부의 따뜻한 공기는 나가지 않도록 역할을 합니다.

건축물 전체에서 창호를 통해 손실되는 에너지가
35%를 차지한다는 엄청난 통계가 말해주듯
패시브하우스에서 시스템창호는 선택이 아니라 필수입니다.

이와 짝을 이루는 장치가 있습니다.
패시브하우스에 있어 또 하나의 필수요소는 외부차양장치입니다.
시스템창호가 겨울철 햇빛 에너지를 흠뻑 들인다면

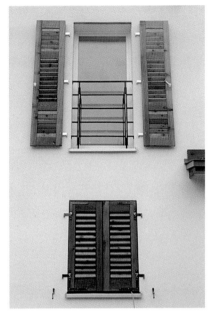

● 겨울철엔 햇빛을 충분히 들이는 것이 유리하나 여름철엔
햇빛을 막아야 실내의 쾌적함을 유지할 수 있다.
블라인드나 덧문을 창호 바깥쪽에 설치하는 것만으로도
실내온도는 큰 차이가 난다.

외부차양장치는 여름철의 강한 햇빛을 막아주는 기능을 합니다.
시스템창호의 단열성만으로는 부족한 부분을 돕는 것이지요.
외부차양장치를 활용하면 여름철 실내온도를 4~5도나 낮출 수 있습니다.

필요한 에너지는 취하되
그 밖의 것은 벽체를 사이에 두고 교환하지 않는 것
이것이 단열과 기밀입니다.

앞에 창호에서도 잠깐 언급했듯이
단열은 주택에 있어 생명과도 같은 기능입니다.
그 단열성능을 지켜주는 것이 바로 기밀입니다.

기밀성은 공기를 밀폐시키는 정도를 말하는데
주택 시공 시 기밀공사를 어떻게 했느냐에 따라
기밀 성적이 천지 차로 벌어지게 됩니다.

초기 패시브하우스 시공 당시
우리 회사가 맡았던 현장에서
기밀 테이프 접면 폐지가 2천 조각이 넘게 나왔던 것을 떠올리면
지금에 와 격세지감을 느끼지만
그 중요성을 처음부터 인지하고 유지하는 마음가짐은
지금도 변함이 없습니다.

기밀은 단열을 지키는 파수꾼입니다.
아무리 좋은 단열재를 써도 기밀공사를 제대로 하지 않으면
침기(밖에서 침투하는 공기)와 누기(안에서 빠져나가는 공기)로 인해
에너지 손실이 생길 수 있으며
온도 차로 생기는 습기를 막을 수가 없습니다.
습기는 단열재를 주저앉히고 실내에 결로를 만듭니다.
그리고 결로는 곰팡이로 이어지는 연결고리가 됩니다.
결과적으로 기밀층 없이 시공된 단열재는
차후 30% 이상 성능 저하로 이어지고
에너지 절감에 마이너스 효과를 가져오게 됩니다.

기밀은 쉽지 않습니다.
아무리 좋은 패시브 자재를 썼다 해도
기밀에서 구멍이 생기면 패시브하우스 인증을 받을 수가 없으니까요.
패시브 자재를 썼다고 패시브하우스가 아니라
시공자의 재료를 다루는 노하우와 마음가짐이

그 집의 성능을 좌우한다고 해도 결코 과언이 아닌 집.
그 특별한 집이 바로 패시브하우스입니다.

건축물에는 우리가 생각지 못한 틈새가 아주 많습니다.
그리고 그 틈새를 통해 들고 나는 공기로
실내온도와 습도가 결정되고
그 집에 사는 사람들의 건강도 좌우됩니다.

집을 이루는 모든 구조체의 연결 부위와
각종 배관 주변의 틈을 막는 것이 기밀 시공이고
이 시공의 여부가 일반주택과 패시브하우스의 가장 큰 차이입니다.

그렇다고 무조건 막아서 밀폐시키는

● 주택의 내·외부 모든 이음새와 틈새에
기밀작업을 한 모습

단순한 작업이라고 생각하면 오산입니다.
방수와 투습의 기능을 가진 기밀 자재를
적재적소에 제대로 적용할 수 있어야 합니다.
그래서 패시브하우스의 현장에는
패시브 교육을 이수한 현장 책임자가
숙련된 작업자들을 엄격하게 지휘 감독해야 합니다.

인증 패시브하우스는 반드시 기밀 성능 테스트를 합니다.
이 검사를 통해서
우리 집이 처음 계획대로 잘 지어졌는지 아닌지
판정받을 수 있습니다.

기밀성 테스트는 집의 모든 창과 문,
주방 후드와 화장실의 환풍구까지 모두 막은 후
현관문에 테스트 장비를 설치하고
여름 태풍 초기 바람세기로 가압 또는 감압하여
틈새 바람이 얼마나 들어오는지를 측정하는 과정입니다.
이 과정에서 측정된 바람의 양이 기준치를 초과하면
연기 발생기로 집안의 틈새를 찾아내 보수하게 됩니다.
이 과정은 2회에 걸쳐 시행하며
공사 중에 1회의 테스트로 미비한 곳을 찾아내고
입주 후 두 번째 테스트로 최종 결과가 나오므로
입으로만 잘 지어진 집이 아닌
실제 우리 집의 성적을 눈으로 확인할 수 있습니다.
혹시 나중에 집을 팔 일이 생겨도
다른 말 필요 없이 성적서가 증명하므로 한결 유리합니다.

이즈음에서 어떤 분은 의문을 가질지 모르겠습니다.
'그렇게 꽉 막은 집이라면 공기가 부족해 어떻게 사느냐?'라고.

패시브하우스는 기능이 좋은 시스템창호를 꼭 닫았을 때
비로소 기밀(에 가까운) 상태가 됩니다.
창문은 자유롭게 여닫을 수가 있으니 문제 될 게 없습니다.
하지만 현재를 사는 우리는 그 자유로움을 얼마나 만끽하며 살고 있을까요.
황사에서 미세먼지로 또 미세먼지에서 초미세먼지로
우리의 생명에 직접적인 공기 오염의 문제는
창문마저 자유롭게 여닫을 수 없을 만큼 날로 심각해지고 있습니다.

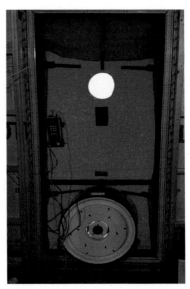

● 장비를 통해 기밀 성능 테스트를 하는 모습. 실내에
여름 초기 태풍 수준의 바람세기로 가압, 감압하여
집의 성능을 확인할 수 있다.

● 열회수환기장치 배관공사. 장비와 급기 배기의 분배기
연결 배관과 분배기에서 각 실과 연결되는 크린에어호스로
배관된 모습.

● 다용도실 혹은 일러실에 설치된 열회수환기장치.
각 실과 연결된 배관은 필터가 장착된 이 장치를 통해
깨끗하고 쾌적한 공기를 공급한다.

그래서 인증 패시브하우스에는 열회수환기장치가 필수입니다.
이 장치를 통하면 초미세먼지까지도 걸러진 깨끗한 공기가
실내온도와 가까운 온도로 덥혀지거나 식혀져 들어오게 됩니다.
그렇게 함으로써 실내공간은 가장 쾌적한 온도와 깨끗한 공기를 유지하고
이로써 약 90%의 에너지 절약 효과가 가능해지는 것입니다.

패시브하우스를 친환경 건강 주택이라고 말하는 것은
요소요소에 사람과 지구 환경을 생각하는
최대치의 고민이 들어있기 때문입니다.

패시브하우스 개념도 및 요소기술 (1)

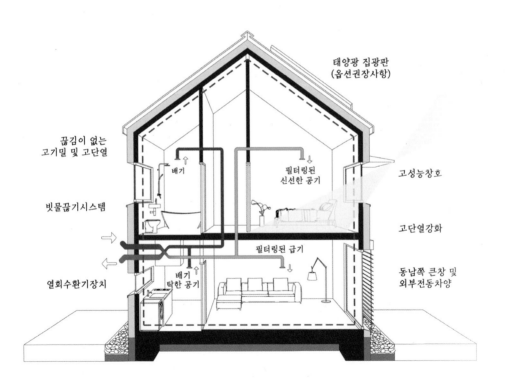

장치, 난방에너지요구량 등의 상세내용을 개념도로 도식화하였다. 패시브하우스는 일반주택과 달리 엄격한 기준과 기술을 필요로 하므로, 그림에서 설명하는 요소들을 제대로 인식한 설계자와 숙련된 작업자의 손끝에서 완성된다.

패시브하우스 개념도 및 요소기술 (2)

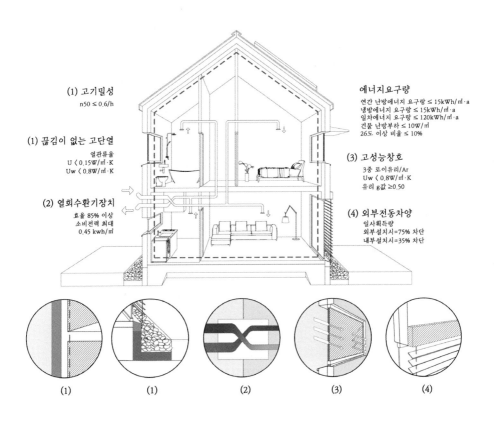

(1) 고기밀성
n50 ≤ 0.6/h

(1) 끊김이 없는 고단열
열관류율
U ⟨ 0.15W/㎡·K
Uw ⟨ 0.8W/㎡·K

(2) 열회수환기장치
효율 85% 이상
소비전력 최대
0.45 kwh/㎡

에너지요구량
연간 난방에너지 요구량 ≤ 15kWh/㎡·a
냉방에너지 요구량 ≤ 15kWh/㎡·a
일차에너지 요구량 ≤ 120kWh/㎡·a
건물 난방부하 ≤ 10W/㎡
26도 이상 비율 ≤ 10%

(3) 고성능창호
3중 로이유리/Ar
Uw ⟨ 0.8W/㎡·K
유리 g값 ≥0.50

(4) 외부전동차양
일사획득량
외부설치시=75% 차단
내부설치시=35% 차단

(1)   (1)   (2)   (3)   (4)

사단법인 한국패시브건축협회에서 인증하는 패시브하우스에 대한 에너지해석 보고서로 그 내용은 패시브 건축물 정보, 인증기준에 따른 에너지 계산 결과, 기후정보, 난방 및 냉방에너지 요구량, 에너지사용량 등이 포함된다.

에너지해석 개요

The Optimal Energy Solution

ENERGY#

1. 기본 정보

기본 정보	건물 명	e블레시움 두빛나래		
	국 가 명	대한민국	시/도	대전
	상세 주소	대전 유성구 노은로		
	건 축 주			
건축 정보	대지면적(㎡)	356.2	건물 용도	단독주택
	건축면적(㎡)	122.83	건 폐 율	34.48%
	연면적(㎡)	217.46	용 적 률	61.05%
	규모/층수	지상 2층		
	구조 방식	경량목구조		
	내장 마감			
	외장 마감			

설계 정보	설계시작월	2016년 1월	설계종료월	2016년 4월
	설계사무소			
	설비설계			
	전기설계			
	구조설계			
	에너지컨설팅			

시공 정보	시공시작월	2016년 4월	시공종료월	2017년 8월
	시 공 사			
입력 검증	검증기관/번호	(사)한국패시브건축협회		
	검 증 자		(서명)	
	검 증 일			
	Program 버전	에너지샵(Energy#) 2016 v1.31		

2. 입력 요약

기후 정보	기후 조건	◇ 대전		
	평균기온(℃)	20.0	난방도시(kKh)	75.2
기본 설정	건물 유형	주거	축열(Wh/㎡K)	80
	난방온도(℃)	20	냉방온도(℃)	26
발열 정보	전체 거주자수	10.4	내부발열	표준치 선택
	내부발열(W/㎡)	4.38	입력유형	주거시설 표준치

면적 체적	유효실내면적(㎡)	217.695	환기용체적(㎡)	544.2
	A/V 비	-	(= 701.8 ㎡ / 0 ㎡)	

열관류율 (W/㎡K)	지 붕	0.087	외벽 등	0.120
	바닥/지면	0.119	외기간접	-
	출 입 문	1.295	창호 전체	1.191
기본 유리	제 품	4Loe1 + 12Ar + 4CL + 8Ar + 4CL + 12Ar + 4Loe1		
	열관류율	0.710	일사획득계수	0.42
기본 창틀	제 품	VEKA AG_82_		
	창틀열관류율	1.000	간봉열관류율	0.03

환기 정보	제 품	Aircle_r500 - SHERPA		
	난방효율	70%	냉방효율	55%
	습도회수율	60%	전력(Wh/㎡)	0.428

3. 에너지계산 결과

에너지성능검토
(Level 1/2/3)

난방	**난방성능** (리터/㎡)	**2.0**	↓15/30/50
	난방에너지 요구량(kWh/㎡)	**20.44**	Level 2
	난방 부하(W/㎡)	**15.0**	
냉방	**냉방에너지 요구량(kWh/㎡)**	**23.88**	Level 2
	현열에너지	18.36	↓19/34/44
	제습에너지	5.52	
	냉방 부하(W/㎡)	12.3	
	현열부하	8.7	
	제습부하	3.6	
총량	총에너지 소요량(kWh/㎡)	56.5	
	CO2 배출량(kg/㎡)	19.7	↓120/150/180
	1차에너지 소요량(kWh/㎡)	**84**	Level 1
기밀	**기밀도 n50 (1/h)**	**0.5**	Level 1
검토 결과	**(Level 2) Low Energy House**		↑0.6/1/1.5

연간 난방 비용

330,000 원

연간 총에너지 비용

1,159,000 원

Energy Summary

4. 기후정보

남향일사량(kWh/㎡)	난방기간	526	냉방기간	498

난방도시(kKh)	전체기간	75.2	난방기간	64.4

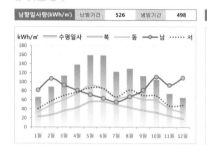
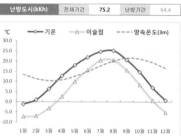

5. 난방에너지 요구량

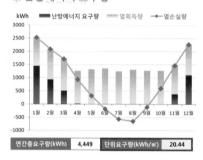

연간총요구량(kWh)	4,449	단위요구량(kWh/㎡)	20.44

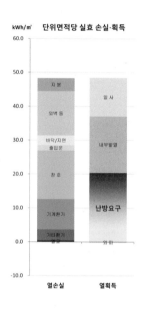

6. 냉방에너지 요구량

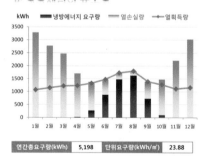

연간총요구량(kWh)	5,198	단위요구량(kWh/㎡)	23.88

Energy Summary

7. 에너지 사용량 (에너지원 별)

에너지원 (Energy Source)	에너지 기초 소요량 (kWh)	에너지 소요량 태양광발전	(kWh, Net)	에너지 비용 (원)
전기	2,833		2,833	583,890
도시가스	9,460		9,460	575,144
LPG			0	0
등유			0	0
기타연료			0	0
지역난방			0	0
합 계	12,294		12,294	1,159,034

연간 에너지 총소요량 (태양광발전 적용후)

12,294 kWh

연간 에너지 총비용

1,159,000 원

에너지 소요량(Net)

에너지 비용

에너지원별 요금 추이

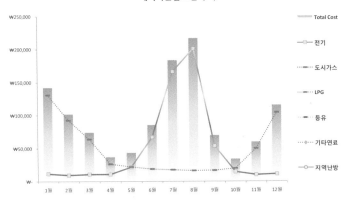

Energy Summary

8. 에너지 사용량 (용도별)

용 도	에너지 기초 소요량 (kWh)	비중	에너지 비용 (원)	비중
난방	5,350	44%	329,964	28%
온수	4,254	35%	264,095	23%
냉방	1,527	12%	395,219	34%
환기	1,162	9%	169,756	15%
조명	0	0%	0	0%
조리	0	0%	0	0%
가전	0	0%	0	0%
합 계	12,294		1,159,034	

연간 에너지 기초소요량

12,294 kWh

연간 에너지 총소요량 (태양광발전 적용후)

12,294 kWh

연간 에너지 총비용

1,159,000 원

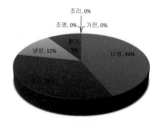

에너지 기초소요량

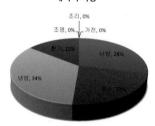

에너지 비용

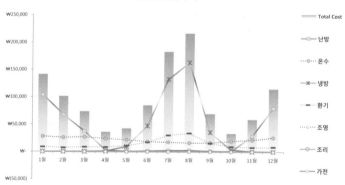

용도별 요금 추이

3. 패시브 도시를 가다

독일 바덴뷔르템베르크 주에 있는 하이델베르크 성은
13세기에 지어진 이후 수차례의 전쟁을 겪으며
역사의 흔적을 고스란히 지닌 곳입니다.
400년이라는 긴 시간 동안 종교전쟁과 세계대전을 겪은 현장엔
부서진 곳을 고치고 다시 또 짓던 과정이 드러나 있습니다.
고딕 양식, 르네상스 양식, 바로크 양식 등으로 개보수한 성은
그때그때 유행했던 시대의 건축양식이 집약된 듯 보였습니다.
그리고 칸트와 헤겔 그리고 괴테의 발자취가 숨 쉬는
지성과 인문학의 도시 하이델베르크.

그리고 다시 수 세기가 지난 이곳의 반슈타트 한편에선
뛰어난 인문학의 명성과 또 다른 축을 이루려는 듯
공학이 집대성된 패시브 건축물들이 들어서고 있습니다.

반슈타트는 기차역 마을이라는 뜻입니다.
하이델베르크를 지나던 화물철도가 없어지면서
역터에 조성된 곳이라 자연스럽게 지어진 이름이겠지요.
옛 역터는 정부의 에너지 구상으로 패시브 건축물들이 들어서고
신시가지로 부상했습니다.
반슈타트에 지어지는 모든 건물은 무조건 패시브의 기준에 따라야 하므로
철저한 기술력과 자연 에너지를 최대한 이용한 아이디어가 돋보입니다.
이는 집을 짓는 사람의 눈에는 참 부러운 일일뿐더러
인증 패시브하우스가 아직 100여 채에 불과한 우리나라와 비교해
너무 큰 차이에 주눅이 들기도 하는 현실입니다.

공장에서 생산된 단열재를 사용하는 대개의 경우와 달리
반슈타트에는 다양한 아이디어가 적용되어 있었습니다.
대체로 수긍이 가는 패시브 건축물 사이에
바깥벽 전면을 식물이 자랄 수 있도록 구조물을 설치해
여름에는 햇빛을 막고 겨울에는 바람을 막는 참신한 구상을 접했을 땐
딱딱한 건물에 감성을 불어넣은 듯한 느낌이 들었습니다.

단열의 아이디어는 기초단계에 그치지 않고
건물 외벽에 다양한 설치물을 달아 활용하고 있었습니다,
아래의 건물은 특이한 차양으로 접거나 펼쳐
실내온도와 채광을 조절하고 있었는데
당연한 원리지만 틀에 박힌 사고에 그쳤다면
실제 지어졌을까 하는 생각이 들었습니다.

반슈타트 중심에는 프라이브룩이라는 개천이 있습니다.

이 개천은 더운 여름에 물을 이용해 도심의 온도를 내리는 목적으로 만들어졌는데
이곳을 흐르는 물은 빗물을 모아 여과한 것이라 합니다.
도심의 열섬현상을 해결하는 것에도
친환경 재생을 기본으로 하는 아이디어를 적용한 것이지요.

패시브하우스에 사용되는 주요 기술재를 꼽자면
단열, 기밀, 창호, 외부차양장치, 열회수장치가 필수입니다.
하지만 재료와 공정이 나뉘어져 그렇지
모든 내용이 개별 기능 외에
엄격히 단열을 돕는 연관된 내용이라고 볼 수 있습니다.

즉,
단열을 위한 기밀
단열을 위한 창호

단열을 위한 외부차양장치
단열을 위한 열회수장치인 것입니다.

위에 언급한 건축물처럼
외부 차양은 쾌적한 실내온도를 유지하기 위한 중요한 장치로서
단열 기능에 유리한 소재를 사용해
다양한 모양과 방법으로 설치할 수 있습니다.
차양의 목적은 해를 가려 더위를 막고,
바람을 막아 추위를 덜기 위함이니까요.
이 단순한 원리가 여름철 실내온도를 4~5도나 낮추고
겨울철 해가 진 후 창호에 닿는 찬기를 줄여 준다는 것에
우리는 관심을 가져야 합니다.

그렇다면 패시브하우스에 쓰이는 창호는 어떤 수준이어야 할까요.
짐작하시겠지만 일반유리는 패시브하우스에 적용할 수 없습니다.
한겨울에 버스를 타면 유리창이 뿌예지는 것을 볼 수 있습니다.
버스 내부와 바깥의 온도 차로 유리에 이슬이 맺히는 현상인데
닦고 또 닦아도 기온 차가 크면 유리가 투명해지지 않습니다.

버스뿐 아니라 우리가 사는 일반주택도

한겨울 해가 들기 전에는 유리에 이슬이 맺히거나 성에가 낍니다.

이는 창문을 통해 실내 온기를 빼앗기고 있다는 증거입니다.

그런 이유로 따뜻한 집을 위해서는

창문 수를 적게 혹은 창문 크기를 작게 내는 게 유리하다는 설도 있지만,

그것은 패시브하우스에서는 통하지 않습니다.

유리 창호에서 얻는 득과 실을 엄격하게 따졌을 때

실보다는 득이 훨씬 우세하기 때문입니다.

반슈타트의 패시브하우스엔 창호가 널찍하며 많습니다.

이는 태양의 빛과 열을 적극적으로 이용해 실내온도를 높이기 위함입니다.

패시브 건축물에 쓰이는 창호는

3중유리에 아르곤가스를 주입하고 Low-E 코팅을 한 시스템창호이므로

한겨울 유리 표면 온도가 17도 아래로 내려가지 않습니다.

유리도 엄격하지만 위의 사진에서 알 수 있듯

프레임 또한 매우 복잡한 구조로 외기를 효율적으로 막는 기능을 합니다.

 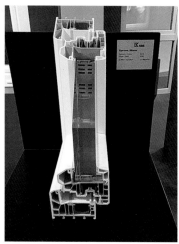

그러므로 향을 고려한 창호 배치는

겨울철 따뜻한 실내를 위해 매우 유리합니다.

패시브 창호의 기능은 여기에서 그치지 않습니다.

방음과 방범의 기능도 더해진 기술력은 현재 상당한 수준에 이르고 있습니다.

패시브하우스는 기밀한 집입니다.

기밀작업은 집의 틈새를 모두 막아 내외부의 열교를 방지하고

그로써 단열을 극대화하는 작업입니다.

'바람 한 점 드나들지 않는 집'

어떤 생각이 드십니까?

어느 한쪽에선

'아, 그러면 따뜻하겠구나~' 하는 생각,

또 어느 한쪽에선

'그렇다면 실내 공기가 부족하지 않을까?' 하는 생각을 할 겁니다.

패시브하우스에는 고성능의 창호를 설치해 기밀성을 높입니다.

하지만 창문은 바람을 막는 기능만 하는 것이 아닙니다.
필요할 때는 활짝 열어 적극적으로 환기할 수도 있지요.

지금부터 말씀드리고자 하는 것은 열회수환기장치에 대해서입니다.
시대가 변하면서 우리는 수년 전부터 공기 질을 걱정하며 살게 되었습니다.
처음엔 황사가 문제더니 이제는 미세먼지,
더 나아가 초미세먼지로 인해 건강을 걱정하게 된 것입니다.

공기 질이 좋은 날에는 얼마든지 창문을 열어 환기할 수 있지만
공기 질이 심각한 수준일 때는 창문 열기가 두려워집니다.
패시브하우스에 필수로 설치해야 하는 열회수환기장치는
강력한 필터링으로 초미세먼지까지 걸러
깨끗한 공기를 집 안으로 들여보내는 기능을 합니다.

여름철엔 실내의 시원한 온도를 빼앗기지 않도록,

그리고 겨울철엔 실내의 따뜻한 온도를 빼앗기지 않도록
창문을 닫은 상태에서 외부의 공기를 깨끗하게 필터링하고
그 공기의 온도를 식히거나 데워
실내를 가장 쾌적한 상태로 유지해 주는 장치이지요.

위에 언급한 대로
눈에 보이는 창호와 외부차양장치, 열회수장치 외에
숙련된 작업자의 기술력과 자재,
그리고 패시브 지식으로 완성해야 하는 부분이 있습니다.

너무 많이 들어 이제 귀에 익었을 단열과 기밀입니다.
떼려야 뗄 수 없이 상호 연관이 중요한 이 두 가지는
패시브하우스의 성능을 크게 좌우하므로
조금의 틈도 용납하지 않습니다.

'끊김 없는 단열'
'끊김 없는 기밀'
이것을 어떻게 확인할 수 있을까요?

패시브하우스는 일반 건축물과 달리 인증제를 시행하고 있습니다.
패시브 재료를 사용해 집을 지었다고
패시브의 기능을 잘하는 집인지는 알 수 없기 때문입니다.

패시브하우스가 제대로 잘 지어졌는지 확인하는 방법은
기밀성 테스트로 이루어집니다.
독일 PHI에서 기준 삼는 패시브하우스의 기밀 조건은
50Pa의 바람세기를 집 안에 가압 혹은 감압했을 때
집 내부로 들어오는 틈새 바람의 양이 시간당 0.6회까지입니다.
50Pa의 바람세기를 쉽게 설명하자면
한여름 초기 태풍 수준의 바람세기입니다.
기밀성 테스트의 과정까지 마치고 올바른 성적이 나왔을 때
비로소 인증 패시브하우스 한 채가 태어나는 겁니다.

독일은 패시브하우스 건축에 매우 적극적입니다.
독일 정부는 저리 대출 정책으로
개인이 집을 지을 때 패시브하우스로 결정할 수 있도록 유도하고 있습니다,
이는 환경과 건강에 도움이 되는 결정을 할 수 있다는 데서

사회적으로나 개인적으로 유익한 일이라고 생각합니다.

이상은 2016년 11월 06일 ~ 11월 15일 9박 10일 동안
독일의 패시브 건축물에 대해 연수를 하며 느낀 점입니다.
독일의 패시브 선진 정책과 그 현장을 들여다보면서
우리나라의 공공, 민간 건축물에 대한 이정표가 이것이 아닐까 생각했습니다.

점차 심각해지고 있는 세계적 기후 변화와
이에 대처하는 독일의 적극적인 자세는
온실가스 배출량을 목표치보다 초과 감소시키는 효과를 이루어 냈고
매년 상향 조정하며 타 국가보다 우위임을 입증하고 있었습니다.
그 속에 패시브 건축물의 비중 또한 상당할 것입니다.

나라는 다르지만 우리는 모두 한 하늘 아래 살고 있습니다.
친환경에 대응하는 여러 가지 것 중
우리가 사는 집이 기여할 수 있다면,
그리고 그것이 손해가 아닌 이익임이 증명되었다면
이제 더 미루지 말고 사회적 과제로 인식해야 할 것입니다.

패시브하우스 사례

P A S S I V E

H O U S E

01 우리나라 최초 인증 1호 목조 패시브하우스

퇴촌 2.9리터

건축정보

용도	단독주택 (2.9리터)
건축물주소	경기도 광주시 퇴촌면
건축물이름	광주 퇴촌면 주택
설계사	(주)풍산우드홈 (정회원사)
시공사	(주)풍산우드홈 (정회원사)
설계기간	2009년 5월 ~ 2009년 11월
시공기간	2009년 12월 ~ 2010년 3월
연면적	142㎡
규모	지상 1층
구조방식	목구조
외벽구성	글라스울 140mm+비드법2종3호 150mm
외벽 열관류율	0.13 W/㎡·K
난방에너지요구량	29 kWh/㎡·a

출처 (사)한국패시브건축협회

배면도

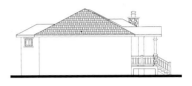

좌측면도

정면도

우측면도

 설계포인트

우리나라 최초의 목구조 패시브하우스 인증 주택이다. 지역적으로 추운 곳에 짓는 주말주택이라 따뜻하고 난방비 걱정에서 벗어나는 것이 주목적이었다. 당시 건축주들은 패시브하우스에 대한 정보와 인식이 거의 없었고, 패시브 건축자재 또한 충분치 않은 시기라 어려움이 있었다. 전형적인 전원주택의 외관을 요구한 건축주의 조건을 충족시키며 거실, 주방, 방 2개로 구성했다. 패시브하우스임에도 벽난로를 설치한 것과, 주방 위치의 육각지붕은 건축주가 꿈꾸었던 전원주택의 외형을 최대한 반영한 결과물이다.

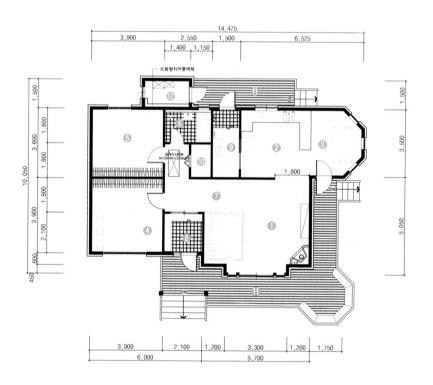

1층 평면도

❶ 거실 ❷ 주방 ❸ 식당 ❹ 안방 ❺ 침실 ❻ 욕실 ❼ 복도
❽ 현관 ❾ 다용도실 ❿ 창고 ⓫ 데크 ⓬ 보일러실

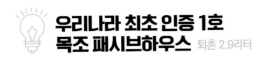

우리나라 최초 인증 1호
목조 패시브하우스 퇴촌 2.9리터

그 무엇이든 최초라는 수식어가 붙는 일은 도전이다.
국내 최초로 3리터 패시브 목조주택 1호 인증을 받은 것은
2010년 5월 10일이다.

2008년 우리 회사는
정부의 저탄소 녹색성장 정책사업의 하나인 그린홈 100만호 사업,
그 첫발인 그린홈 제로하우스 시범 건축물 시공에 참여하게 되었다.
당시 에너지 절약형 목조주택을 지어온 경험치를 인정받아
외부 요소 중 지붕공사를 맡게 된 것이다.

제로하우스는
건축물의 에너지 사용 및 이산화탄소 배출이 제로인 주택을 뜻한다.
이 공사를 위해 각계의 전문 업체들이 선정되었고
우리 회사 역시 그린홈 시공에 참여하면서
다른 분야를 맡은 회사들의 기술과 공정을 눈동냥으로나마 볼 수 있었다.

 건축주 한마디

평일 내내 비워둔 집임에도 주말에 들어서면 실내공기가 쾌적한 것이 놀랍다. 주변의 여타 주택이 겪는 겨울철의 어려움과 상관없이 겨울에 따뜻하고 여름엔 시원한 집에서 지내니 매우 만족스럽다. 패시브하우스는 단순하게 난방비 덜 드는 집이라고 해서 지었는데, 살아보니 모든 사람이 생각하고 바라는 미래의 집이라는 믿음이 생겼다.

그린홈 제로하우스는
패시브하우스 시공법을 기본으로 하며
태양광, 태양열, 지열, 풍력, 바이오 등
신재생 에너지원으로 유지가 되는 획기적인 주택으로
CO2 배출량 제로를 목표로 한 프로젝트로
지구 온난화 현상에 기여하는 데 목적을 두었다.

● 그린홈 제로하우스 완공 모습.

꽤 오랜 시간 집 짓는 일을 해 온 나로서도
아주 1차원적으로 난방비 덜 들고 결로가 없는 집
이 일상의 과제였으므로
이 사업의 참여는 여러 가지로 의미 있는 일이었다.

그 공사 참여를 성공적으로 마친 후
내 손으로 패시브하우스를 짓고 싶은 욕망은 갈망으로 깊이가 더해졌다.
친환경 목조주택을 짓고 있다고 자부하기엔
기존의 시공법이 만들어 낸 결과물은 늘 미진한 아쉬움이 남았기 때문이다.

그러던 중
퇴촌에 주말주택을 짓고자 하는 건축주를 만났다.
그게 지금부터 9년 전이니
집 짓는 사업을 하는 사람들도 잘 모르는 패시브하우스에 대해
일반인이 알리는 더더욱 만무했다.
하지만 대기업 연구원 출신인 건축주와 시공 상담을 하면서
이 사람 정도면 패시브하우스에 대한 이해가 가능하지 않을까 하는 생각이 들었다.
건축주와 시공 상담을 할 때마다
내 머릿속은 패시브하우스에 대해 어떻게 운을 떼고 어떻게 설명을 해야 할지
그리고 적절한 시기는 언제일지 고민과 망설임으로 가득 찼다.

● 패시브하우스로 구현하기 힘든 면의 구성으로 지었다. 육각으로 설계된 주방의 지붕과 벽면의 난이도,
건축주의 요구로 설치한 벽난로 등의 요소가 당시의 전원주택 분위기를 말해준다.

● 우리나라 최초의 목구조로 된 3리터하우스.
전형적인 전원주택 풍의 외관임에도 패시브하우스 초기의 시공기술로
2.9리터의 결과는 매우 놀라운 일이었다.

● 포치 기둥에 이중 재료를 사용하고
상·하단의 두께를 달리함으로써
안정감을 실었다.

● 현관으로 들어서는 입구에 포치를 설치하고 처마도 뺐다. 비나 눈을 막아 출입에 여유로운 장점이 있다.

2층 구조로 45평 주택을 짓고자 하는 건축주는
당시 주말주택 붐이 일어난 퇴촌에 전원주택을 짓고자 했다.
이 지역은 주말에 가서 몸과 마음을 쉬기에 주변 경관은 좋으나
겨울이면 너무 추워 그 용도가 퇴색되는 곳이었다.
게다가 그즈음엔 난방 기름값도 최고조였던 때여서
겉보기에 멋있고 크게 지은 사람들은 난방비를 감당하기 어려웠다.
50평이 넘어가는 면적이 따뜻하려면 한 달 100만원이 예사인 난방비.
옷을 껴입고 한기만 덜어낼 정도로 아낀대도 50~60만원은 가볍게 넘었으니
겨울의 주말주택은 썰렁하게 빈집일 경우가 많았다.

어디 그뿐인가.

겨우내 비워둔 집에 돌아오면 보일러가 터져서

그 공사가 끝나야 겨우 집의 기능을 찾을 수 있었다.

그러다 보니 그곳 사람들은

해마다 겨울에 철수하기 전 설비 기술자를 불러 보일러 관의 물을 다 빼고

봄이 되면 돌아와 다시 채워 넣는 일을 계속 반복해야 했다.

그래야 겉보기 근사한 집을 지킬 수 있었다.

바라보는 사람들에겐 동경이고 꿈인 전원주택의 속사정이 그렇게 달랐으니

날이 풀리기까지 경치 좋은 터의 고즈넉한 겨울 풍경은

바라봐 주는 사람 없이 적막하게 지나갔겠다.

나는 건축주가 원하는 형태의 설계를 마칠 때쯤

이제껏 목젖까지 올라와 주저주저하던 패시브하우스에 관한 이야기를 꺼냈다.

패시브하우스가 가장 강조하는 것은 주거의 쾌적성이지만

나는 당시 모든 건축주가 가장 골치 아파하는

문제에 집중하여 열심히 설명했다.

"패시브하우스를 지으면

난방비가 10분의 1로 줄어듭니다.

겨울에 집을 비워도

보일러가 얼지 않게 해드리겠습니다."

"지어봤소?"

"아닙니다.

하지만 그간 제가 여러 경로로 패시브하우스에

대해 공부를 했고

● 오른쪽 육각지붕 아래에 주방과 식당으로 통하는 출입구가 보인다. 당시 패시브 성능의 문을 구할 수 없어 안쪽과 바깥쪽에 이중으로 문을 달아 단열과 기밀성을 확보하는 데 신경을 쓴 부분이다.

● 집으로 들어서는 입구는 자연석으로 낮은 석축을 쌓고 계단을 만들었다. 소나무의 자연스러운 수형과 잘 어울린다.

● 주방의 육각 설계와 일치감을 준 데크의 모습. 데크의 기능과 디자인적 요소를 모두 충족하였다.

그간 집을 지었던 시간과 경험으로 봤을 때 이건 불가능한 일이 아닙니다."
그랬다.
나는 한국패시브건축협회에서 기본적인 것을 공부하고
독일에 사는 누님에게 패시브하우스 관련 서적을 공수받아 2~3년을 공부했다.
독어를 알 리 만무한 나는 서적에 나와 있는 시공 사진과 디테일을 보고 또 보며
패시브하우스를 짓는 데 필요한 설계 시공 기술을 더듬더듬 짐작하고
나름의 확신을 위해 공을 들이고 있었던 터였다.

그러다가 내 앞에 앉은 사람이
패시브하우스에 대한 설명을 이해하고
결정할 수 있을 만한 조건을 갖췄다고 생각하니

그 기회를 놓칠 수가 없었다.

나는 정말 간절히 그리고 열심히 내 앞의 건축주를 설득했다.

내 열의에 마음이 기울었는지 드디어 건축주가 결정을 내리려는 순간

뜻밖에 건축주의 안주인이 반대의 손을 들었다.

"그럼 우리가 마루타야?"

한 번도 지어보지 않은 기법에 왜 우리가 테스트 대상이 되어야 하는지

생전 들어보지 못한 소리를 늘어놓는 저 사람을 어떻게 믿느냐는 표정 앞에

나는 다시 한번 간절히 설득해야 했다.

"네. 맞습니다.

마루타가 되어 주십시오.

실망하시지 않도록 최선을 다해

짓겠습니다."

● 난방에너지 요구량 2.9리터를 인증하는 현판.
한국패시브건축협회의 인증 절차는 매우 엄격하고
정확하며 난방에너지 요구량 테스트에 통과해야
패시브하우스로 인정이 된다.

간신히 설득한 건축주 내외에게

나는 스스로 조건을 걸었다.

계약금 외의 잔금은 완공 후

1년을 살아본 다음 만족스러울 때 달라고...

하지만 패시브하우스를 짓는데

공사비가 얼마만큼 들지는 나도 알 수 없었다.

하지만 패시브하우스를 짓겠다는 결정도 어렵게 따냈는데

공사비까지 많이 들면 바로 취소하지 않을까 싶어

당시 목조주택 공사비 대비 평당 20%를 올려 견적을 냈다.

그리고 처음 45평 2층으로 지을 계획이었던 규모를

● 햇빛이 충분히 들어오는 거실의 모습. 태양 에너지를 최대한 활용하는 측면에서 집이 앉혀지는 방향은 매우 중요한 요소다.

단층 33평으로 줄여 처음 건축주가 계획했던 건축비와의 차이를 줄였다.
하지만 또 다른 난관이 닥쳤으니
패시브하우스 시공에 맞는 설계로 바꾸는 단계에서
건축주는 집의 외관 디자인은 그대로 하겠다는 것이었다.
패시브하우스에 최적화된 설계는 최대한 외피 면적을 줄이는 일인데
각이 많은 지붕과 그 각의 개수만큼 둘러쳐진 벽체는

시공 난이도를 한껏 끌어올리는 일이었다.
게다가 건축주는 벽난로 설치를 요구했다.
사실 패시브하우스에는 벽난로가 필요 없다.
필요 없는 게 아니라 이득이 되질 않는다.
열회수환기장치를 통해 적정 온도의 공기가 드나들어 쾌적한 집에
굳이 난방장치를 보태 산소를 태워버릴 일이 없는 것이다.

하지만 주말주택을 짓는 사람들의 대개는
아파트와 다른 차별성의 하나로
벽난로가 주는 따뜻한 분위기를 중요하게 생각했다.
그리고 이 건축주는 자신의 집이
최초라는 이름표가 붙은 시공법으로 지어진다고 하니,
검증 제로의 상황이 그렇게 마음 편할 리가 없었을 것이다.

'과연 춥지 않을까?' 하는 의심 한 가닥,
그 의심 앞에 나는 설득을 포기했다.
건축주가 마음을 바꿔
나 그딴 집 안 짓겠다고 하면 어쩌나 덜컥 겁이 났기 때문이다.

그러느니 방법을 찾아내야 했다.
건축주의 요구를 따르자면
외부 공기가 파이프를 통해 벽난로로 유입되는
패시브하우스용 난로를 제작해야 하고
국내에 그런 난로를 만들 수 있는 기술자가 있는지 찾는 게 급선무였다.
기술자를 찾지 못하면 나라도 만들 판이었는데
두드리면 열린다 했던가.
정말 다행히도 그런 난로를 제작할 수 있다는 기술자를 만났다.

그 하나를 해결하고 나니
이번엔 안주인의 요구가 기다리고 있었다.
외부로 통하는 주방문을 하나 더 달아 달라는 것이었다.
당시 처음 짓는 패시브하우스에 문 하나를 더 내는 것은
기밀과 단열에 큰 영향을 주는 일이었으므로 그건 난제에 속했다.
여러 날 고민 끝에 나는 주방문을 2중으로 다는 방법을 해법으로 결정했다.

건축주 부부의 요구 조건에 맞춰
패시브하우스 설계도면을 그리는 일은 참 어려웠다.
해보고 싶고 해내고 싶은 일이지만 한 번도 안 해 본 일.
그때부터 도면을 완성하기 위해 머리를 쥐어짜며 공부를 하고
한국패시브건축협회에 자문하며 시간이 흘러갔다.
그때 그리고 버리고를 반복하며 어렵게 완성한 설계도면은
지금의 패시브하우스 도면으로 치면 60% 수준이나 될까.
하지만 그마저도 최선이었고 고투였음을 고백한다.

우여곡절 끝 패시브하우스 공사가 시작되었다.

'집안에 외부 공기가 들어올 수 있는 모든 틈을 메워라!'

패시브하우스는 진공병과 같은 원리로 철저히 기밀하여
열교를 차단하는 것이 관건이다.
그러므로 목재와 목재 사이,
벽체와 지붕 사이,
벽체와 창틀 사이의 모든 틈을 메우고 꼼꼼하게 단열재를 채워야 한다.
그래야 열교가 없고 결로 곰팡이를 막을 수 있다.

그리고 열회수장치를 통해 필터링 된
일정 온도의 깨끗한 공기만 들어와야 한다.

모든 틈.
만의 하나를 대비해 타카 구멍까지 기밀테이프로 막으라고 지시를 하니
작업자들은 뚝딱뚝딱 집 올라가는 재미 대신
허구한 날 틈이며 구멍을 막는 지루한 작업으로 예민할 대로 예민해져 있었다.
하지만 기밀테이프를 꼼꼼하게 붙이지 않으면
습기를 머금은 공기가 내부·외부를 드나들며 온도 차를 만들고
그로 인해 구조체 속에서 결로가 생기게 된다.
그러면 끝이다.

하지만 현장 작업자들은 패시브하우스에 대한 이해가 전무한 상태였으므로,
아무리 설명을 해도 왜 이렇게까지 해야 하느냐
이런 현장은 처음 봤다는 식의 짜증을 늘어놓기 일쑤였다.
하지만 이게 어디 보통 집인가 말이다.
패시브하우스의 성패는 시공 디테일이 좌우하는 문제라
어느 하나도 허투루 넘길 수가 없었기에,
작업자들을 설득하며 조금이라도 미흡한 구석이 보이면
뜯고 다시 하고 또 뜯고 다시 하는 반복을 계속해야 했다.

그러다 보니 공사기간과 인건비는 2배로 뛰었다.
예상했던 공사금액은 이미 상회한 지 오래고 적자의 눈금이 시작되었다.
하지만 아깝지 않았다.
패시브하우스 시공을 허락해 준 것만으로도 하나님이었고
이 공부가 없이는 두 번째 세 번째로 이어질 수 없는 일이었으니까.
두 번째 세 번째를 위해서도 첫 테이프를 잘 끊어야 한다는 생각에

● 거실 창 옆으로 벽난로가 인상적이다. 이는 건축주의 요구를 받아들여 패시브하우스에 지장이 없도록 특별히 제작한 것으로 외부에서 유입된 공기로 연료를 태우는 방식이다.

나는 모든 신경을 그 현장에 집중했다.
음식을 씹는 순간에도
잠이 들었다 깨는 순간에도
머릿속에는 온통 패시브하우스로 들어차
다른 생각이 비집고 들어올 틈이 없었다.
그렇게 빽빽한 내 머릿속처럼
기밀과 단열에 틈이 없어야 하는 집 패시브하우스.

드디어 중간 기밀테스트를 하는 날이 왔다.
기밀테스트는 기계가 만든 50파스칼 내외부의 압력 차로
안에 있는 공기를 바깥에서 빼서 1회
바깥의 공기를 안으로 집어넣어 1회 실시하여
감압과 가압 2회 평균치에서 테스트 값을 얻는 과정이다.
50파스칼의 압력은 1초에 약 10미터의 바람세기로 여름 태풍 초기의 수준이다.
그런 정도의 바람세기가 시간당 0.6회 이내에 들어야 통과되는 시험이므로
나는 내심 긴장하며 그 과정을 지켜봤다.
기계를 걸어놓고 바람이 새는 곳을 찾기 위해 향 연기를 피우고
기밀이 깨진 곳은 없는지 확인에 또 확인을 거듭하며 중간 기밀테스트를 마쳤다.

전해 늦가을에 시작한 공사는 해를 넘겨 3월에 준공했다.
중간 기밀테스트 과정 후 다시 꼼꼼하게 확인을 거친 덕분에
이 집은 최종 기밀테스트에서 3리터 이하의 성적을 내며
우리나라 최초 인증 목조 패시브하우스라는 타이틀을 거머쥐었다.

'3리터 인증'
당시 로이3중창호는 수입 되어 시공할 수 있었지만
현관이며 중문 등 다른 자재의 수준은 지금과 많이 달라

그걸 어떤 방식으로 시공해서 패시브를 구현할지에 대한 고민도
상당한 부담이었는데 그 모든 것을 극복해 낸 결과였다.

이젠 건축주 부부의 평가만이 남았다.
처음에 약속했던 대로 나는 준공 후에도 잔금을 받지 않았다.
살아본 후 만족했을 때 주면 된다고 했던 약속이 첫째 이유였고
이미 한국패시브건축협회의 패시브 인증기준으로 성적을 받은 후라
더는 불안할 이유가 없었기 때문이었다.

몇 달 후 건축주는 나머지 잔금을 치렀다.
그리고 평일을 도시에서 지내며 빈집으로 두어도
주말에 집안에 들어서면 신기하게 쾌적하고 춥지 않더라는 느낌을 전했다.

어디 그뿐인가.
건축주는 잔금과 함께 세콤 카드를 내 손에 쥐여 주었다.
1년 동안 건축주 부부가 집에 머무는 주말을 제외한 평일엔

● 주부의 동선에 유리한 ㄷ자 주방의
모습. 전반적으로 화이트 톤이지만
주방 창이 있는 벽면에 편안한 색감의
타일로 마감했다.

● 주방과 연결된 식당에는 각이 진 세 면에 작은 창을 달아 장식의 효과와 조망의 기능을 겸비했다.
오른쪽에 있는 출입문은 외부로 통한다.

패시브하우스에 대해 궁금해하는 사람들에게
이 집을 언제든지 보여주며 홍보하는 데 쓰라는 것이었다.

그뿐이 아니었다.
그 후로도 건축주는 '따뜻한 집'을 소개하는 방송 프로에 출연까지 하면서
내 고민과 그의 신뢰가 낳은 결과물 '패시브하우스'를 적극적으로 소개해 주었다.

이렇게 나의 첫 번째 패시브하우스는
평소 내가 가진 집에 대한 고민과 개념의 깊이를 한층 더 성숙시켜 놓았고
한계에 묶이지 않는 한
창의적으로 극복할 수 있다는 자신감 하나를 챙기게 해 준
기념비적인 결과물로 남아있다.

건축정보

용도	단독주택 (3.0리터)	주요외장재	외단열미장마감시스템
건축물주소	남양주시 수동면	외벽 열관류율	0.129 W/㎡·K
건축물이름	남양주 수동면 주택	지붕 열관류율	0.115 W/㎡·K
설계사	(주)풍산우드홈 (정회원사)	바닥 열관류율	0.132 W/㎡·K
시공사	(주)풍산우드홈 (정회원사)	창호 전체열관류율 (국내기준)	0.85 W/㎡·K
에너지컨설팅	한국패시브건축협회	창호 기밀성능 (국내기준)	0.08 ㎥/㎡·h
설계기간	2011년 8월 ~ 2011년 12월	유리 g값	0.4
시공기간	2012년 2월 ~ 2012년 6월	기밀성능(n50)	0.6 회/h
대지면적	450.0㎡	환기장치효율 (난방효율)	74 %
건축면적	79.57㎡	난방에너지요구량	30 kWh/㎡·a
건폐율	17.68%	난방부하	19 W/㎡
연면적	108.44㎡	계산프로그램	PHPP 2007
용적률	24.10%	기타사항	제3회 남양주시 친환경건축물 최우수상 수상
규모	지상 2층	태양광발전 용량	3 kWp
구조방식	목구조	인증번호	2012-P-007
난방설비	보일러		
주요내장재	석고보드 +친환경 수성페인트		

출처 (사)한국패시브건축협회

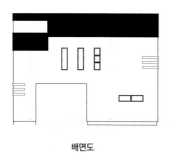

배면도

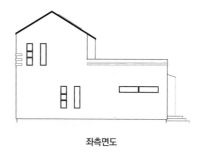

좌측면도

정면도

우측면도

 설계포인트

심플하고 모던한 외관의 목구조주택으로 1층 필로티와 2층 발코니를 혼용하여 설계하였다. 1층은 공용공간인 거실과 주방, 2층엔 부부 침실과 자녀 방을 배치했다. 일반적인 패시브하우스의 단순한 박스형을 탈피하여 건축주가 구상한 디자인에 최대한 접근, 패시브하우스의 다양한 접근의 가능성을 열었다.

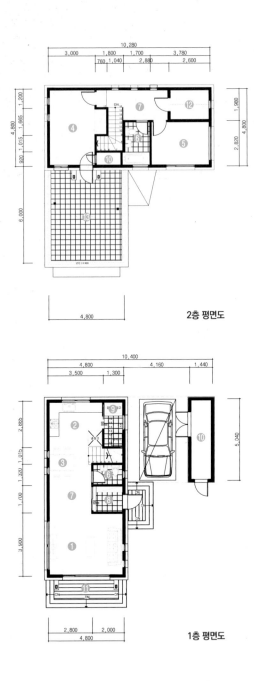

2층 평면도

1층 평면도

① 거실 **②** 주방 **③** 식당 **④** 안방 **⑤** 침실 **⑥** 욕실 **⑦** 복도
⑧ 현관 **⑨** 다용도실 **⑩** 창고 **⑪** 데크 **⑫** 다락 **⑬** 테라스

때로는 무식도 답 남양주 3리터

패시브 인증 2호 주택을 떠올리면 참 많은 일이 생각난다.
인증 1호 주택을 짓고 난 후 1년의 공백이 있었다.
두 번째 대상자를 못 만난 것이다.
또 지어 보고 싶은 욕망과 갈증이 최고조로 향하고 있을 시점,
그때 나를 찾아온 건축주는 마른하늘에 단비 같았다.

2011년 당시 이 건축주는 중견 건설업체가 지은 아파트에 살고 있었는데,
사랑하는 딸아이가 아토피로 심하게 고생을 하고 있다고 했다.
원인은 결로와 곰팡이였다.
결로와 곰팡이는 떼려야 뗄 수 없는 불가분의 관계이며
곰팡이로 말미암은 위해는 보기 싫은 것을 넘어 건강을 위협하는 적군이다.
안 그래도 면역성이 약한 어린아이들에겐 치명적일 수가 있는 것이다.

그런 딸아이의 환경을 바꿔주고 싶은 부성은

 건축주 한마디

패시브하우스에서 살아보니 아파트는 주거공간이 아니다. 여름엔 덥고 겨울엔 난방해도 추웠다. 또한 겨울이면 찾아오는 결로로 인해 베란다 쪽에는 곰팡이와 심지어 안방 옷장까지 곰팡이가 발생하였다(시공한 지 1년된 집에서...). 패시브하우스에 살기 전 세 곳의 아파트에서 살았지만, 위와 같은 문제는 지속해서 발생했다. 항상 반복되는 불편한 문제로 인해 아파트에서 사는 동안 쾌적함과 만족도는 매우 적었다. 반면 지금은 이런 문제점에서 해방되고 외부의 환경(온도, 습도)과 상관없이 쾌적한 실내에서 살고 있다. 나는 백번 이야기를 듣는 것보다 직접 살아보기를 권장한다. 패시브하우스에서 산 지 1년이 안 되어 딸아이의 심한 아토피가 거짓말같이 사라진 것만으로도 건강 주택이 분명함을 확인했다.

● 모던함이 강조된 형태의 목구조 3리터 하우스. 넓은 잔디밭이 인상적이며 집 옆으로 계곡이 흐르는 위치에 지어졌다. 지붕엔 태양광을 설치하여 에너지 효율을 높였다.

● 주택 측면의 맞은편에서 본 모습. 건축을 전공한 건축주는 디자인적 요소를 매우 중요하게 생각해 4방향의 모습이 모두 다른 설계를 요구했다.

단독주택으로의 이사를 결심하게 되었고,
단독주택 생활에 응당 따라오는 걱정에 부딪히게 되었다.
그건 난방비였다.

그 건축주는 여러 경로로 검색을 하고 정보를 모았다.
경제적인 측면에선 난방비가 절감되어야 하고
건강 측면에선 쾌적해야 하는 두 마리 토끼를 잡아야 했다.
그러다가 알게 된 패시브하우스.
검색을 거듭하며 패시브하우스를 짓는 시공사를 찾다가
결국 우리 회사의 홈페이지를 보고 찾아오게 된 것이다.

건축주는 건축을 전공했으며 건축회사 대표였다.
그는 이미 본인이 짓고 싶은 집의 설계를 마쳐 놓은 상태였고
우리가 제안한 패시브 도면을 두 차례나 거절했다.
내가 알고 있는 패시브하우스는
외피의 최소화로 단열과 기밀의 성능을 높여야 하는데
건축주가 제안한 도면은 패시브하우스와는 매우 거리가 멀었다.
마치 외피의 최대화를 목표로 한 것처럼 면이 많았기 때문이다.

거실 상부에 발코니를 설치하겠다 고집했고
집 본체에 차고를 붙이겠다고 했다.
거실 상부의 발코니와 주차장 상부는 외기와 직접 닿는 부분이기 때문에
당시 패시브로 구현하기 어려운 설계였다.
어느 시공사를 가서 내밀어도 거절당할 구조인데 나라고 용빼는 재주가 있을까.

한국패시브건축협회에 그 도면으로 에너지 해석을 의뢰하니
패시브의 개념에 대해 잊어버린 거 아니냐는 핀잔이 돌아왔다.

하지만 건축주는 완고했다.

꼭 그 디자인으로 집을 짓고야 말겠다는 것이었다.

아무리 건축주가 고집해도 내가 'No!' 하면 그도 어쩌지 못할 일.

하지만 나는 어떻게든 두 번째 패시브하우스를 짓고 싶었다.

그리고 한편으론 불가능한 일이라기보다

그냥 좀 어려운 일인 것일지 모른다는 생각이 들었다.

그렇게 이상한 합리화로 최면을 걸고 고집쟁이 건축주와 손을 잡았다.

건축주가 제안한 도면으로 설계해서 물량 계산을 해보니

공사비가 생각을 뛰어넘었다.

하지만 어쩌랴.

나에겐 패시브하우스 시공의 학습과 경험이 필요했고

비싼 수업료는 감당할 수밖에 없었다.

고밀도 단열재를 최초로 도입하여

11톤 윙카 두 대 분을 현장에서 잘라 채워 넣었다.

그 정도면 80평 규모의 일반주택에 쓰이는 양인데

34평 벽면이며 지붕에 빽빽이 채워 넣은 것이다.

그러지 않으면 도저히 3리터 인증을 따낼 수가 없을 것 같았다.

당시의 패시브하우스는 5리터 인증이 없었다.

3리터가 넘어가면 저에너지 하우스로 분류되던 때였다.

게다가 건축주와 나,

두 인간이 전투에 임하듯 인증에 목숨을 걸지 않았는가.

1호 인증 패시브하우스 지을 때 맨땅에 헤딩하듯 했다면

이번엔 자갈밭에 헤딩하는 거나 마찬가지였다.

뾰족한 돌에 떨어지면 머리 찢어지고 피나는 상황이니

● 주택 후면으로 필로티가 보이고 벽 모서리에 원목 포인트가 디자인적 요소를 더한다.
측면과 마찬가지로 수직과 수평으로 배열한 작은 창들이 돋보인다.

죽기 살기로 방법을 찾아야 했다.

땅속 단열과 바닥 단열을 보강하고
통기 층이 형성된 웜루프도 도입해 적용했다.
그리고 기밀성능 확보에 주력했다.
아무리 작은 타카 구멍 하나라도 놓치지 말라고 지시했다.
기밀과 단열은 현장 작업자들의 손끝에 달려있다고 해도 과언이 아니다.
하지만 일반적인 건설 현장에 익숙해 있는 작업자들은
하나부터 열까지 까다롭기 그지없는 현장 지시 내용에 엄청난 스트레스를 받았다.
그때마다 그들을 달래고 설득해야 했다.

그렇게 중간 기밀테스트를 통과하기 전까지 들어간 기밀 테이프 조각이 2천여 장.

● 수직과 수평으로 구성된 창문들. 햇빛의 영향이 적은 방향에 낸 창들이 시각적으로 세련된 느낌을 준다.

돈이 얼마가 나와도 좋으니 어디 한번 완벽하게 해보자.
그러다 보니 기밀에서 2.5배의 비용이 소요되었고
인건비 또한 두 배로 뛰었다.

예산이 부족하다는 건축주는 돈을 더 내놓아야 했고
나 또한 생각보다 더한 적자를 각오해야 했다.
이런 것도 궁합이라고 해야 할까.
우리는 둘 다 패시브하우스 인증을 따내는 것에 초집중하고 있었다.

패시브 인증 2호 주택을 짓는 동안
1호 주택보다 훨씬 난이도가 높다는 생각이 들었지만 다행히도 느낌이 좋았다.
우여곡절 끝 공사기간도 예상보다 길어져 5달이 걸려 34평을 완공했고
한국패시브건축협회에서 3리터 인증을 받아낼 수 있었다.

해낸 거다.

불가능한 일이 아니라 그냥 좀 어려운 일,

그렇게 맘먹고 하면 해법이 생긴다는 확신이 섰다.

내가 해외 자료를 통해서 본 모든 패시브하우스가

외피 면적을 최소화 한 박스형이었는데

디자인 요소가 많이 들어가 사방이 다른 모습의 집이

내 눈앞에 단단히 서 있었다.

난이도가 상당했던 도면으로 패시브
하우스를 지은 것만으로도
내 만족감은 충만했는데 어느 날
남양주 건축사무소에서 연락이 왔다.
남양주시에서 공모하는
친환경 우수 건축물 공모전에
응모하는 것이 어떠냐고.
그 해가 제3회 공모전이었는데

● 디자인에 신경을 많이 써서 단열과 기밀에 어느 집보다
공이 많이 들어갔다. 건축주와 의기투합한 결과물이라
특별함이 더해진 인증이라 할 수 있다.

도면과 시공과정을 눈여겨보았던 건축사무소에서

일반적이지 않은 공정과 시공법이

친환경과 부합된다고 생각하여 권유한 것 같았다.

하지만 1회, 2회에 수상한 건축물들은 100평이 넘는 규모였다.

패시브하우스 인증 2호 주택은 고작 34평.

넌지시 건축주에게 응모 의향을 물으니 적극적으로 나서 주었다.

그간 건축주는 공사기간에 쌓인 신뢰감을 내게 전하고 있었던 터였다.

"그간 굉장히 고생하셨지요?
우리 집 지으면서 돈 못 버신 거 잘 압니다.
대신 이 집을 홍보하는 거로 보답하겠습니다."

● 이 집의 포인트 색상은 그린이다. 거실 창문 외부에 차양용 처마와 이어진 박스형 프레임을 짜고 그린 색상으로 강조했다.

고마웠다.
패시브하우스 전도사가 되고 싶은 내 마음을 읽어준 것에 충분히 감동했다.

건축주의 직업이 건축과 출신의 건축회사 대표이다 보니
현장의 상황은 물론 그에 따른 경비계산도 가능했을 것이다.
패시브하우스 시공에 필요한 고가의 자재와 하루 투입 작업자에 드는 인건비는
주먹구구로 셈을 해도 우리 회사에 이윤을 남기는 공사가 아니었다.
그런 내용을 인정하는 건축주의 마음이 참으로 고마웠다.

친환경 우수건축 공모전에 참여하는 일은
건축주에게도 번거로운 일이었다.

● 현관 3연동 중문을 사이에 두고 거실과 욕실 그리고 계단실로 이어진다.

● 주방은 비교적 아담하게 배치하고
그린과 대비되는 보색 타일로 벽면을 마감했다.
가로로 길게 배치한 주방 창으로
조리하며 바깥을 볼 수 있다.

● 2층으로 오르는 계단실의 모습.
하부에 일정하게 설치한 계단등이
깔끔한 느낌을 준다.

● 다락에 접이식계단을 설치해
불필요할 때는 접어서 깔끔하게
천장에 밀어 넣어 공간 활용의
효율성을 높일 수 있다.

● 남양주시 친환경 우수건축물 최우수상
큰 회사 큰 규모의 건축물들과 경쟁한 값진 결과물이다.
사회 전반에 널리 일조하는 친환경 주택으로
인정받았다는 데에 의미가 있다.

● 자녀 방에 설치한 창문의 모습.
성장기 자녀의 눈높이에 맞춘
바닥에서 높지 않은 창호는
편안하게 외부를 조망할 수 있다.

여러 가지 입증자료와 서류 등이 필요했는데
건축주는 성실하게 준비하고 임해주었다.

패시브 인증 주택의 컨셉이 친환경이었으므로
심사위원들 또한, 과연 그런 것인지 검증 절차를 꼼꼼히 거쳤다.
한밤중에 와서 열화상 카메라로 과연 새는 열이 없는지까지 확인했다.
그런 걸 보며 대충하는 공모전이 아니로구나 하는 생각이 들었는데
차후 이 집이 최우수상으로 결정되었다는 소식을 전해왔다.

두 번째로 지은 패시브하우스가 인정받은 것이다.
게다가 이례적으로 시공사에도 수상하겠다는 소식까지 받았다.
새로운 시공 도입으로 친환경 건축물의 가능성을 열었다는 점을 인정하며
격려하고자 하는 의미인 것 같았다.

건축주도 나도 뛸 듯이 기뻤다.
대형 건축물이 아니었지만
사람에게 이로운 건축물로 인정받았다는 사실이
참으로 감격스러웠다.

그렇게 내가 지은 두 번째 패시브하우스는
인증과 인정 두 마리 토끼를 잡았고
나는 본격적으로 패시브하우스에 미치게 되었다.

건축정보

용도	단독주택 (1.3리터 패시브하우스)
건축물주소	대전시 유성구 지족동
설계사	홍도영
시공사	(주)풍산우드홈 (정회원사)
에너지컨설팅	홍도영
설계기간	2011년 7월 ~ 2011년 10월 (4개월)
시공기간	2012년 1월 ~ 2012년 6월 (6개월)
대지면적	297.0㎡
건축면적	130.40㎡
건폐율	43.91%
연면적	235.56㎡
용적률	66.34%
규모	지하 1층, 지상 2층
구조방식	유럽식 목구조
외벽구성	경질목섬유 35mm+셀룰로오즈 단열재 282mm
외벽 열관류율	0.13 W/㎡·K
지붕구성	경질목섬유 22mm+연질목섬유 200mm+그라스울 120mm
지붕 열관류율	0.12 W/㎡·K
바닥구성	비드법 1종1호 200mm
바닥 열관류율	0.15 W/㎡·K
창호 전체열관류율(국내기준)	0.75 W/㎡·K
기밀성능(n50)	0.4 회/h
환기장치효율(난방효율)	90%
난방에너지요구량	13 kWh/㎡·a
계산프로그램	PHPP
기타사항	열교환환기장치: 브라인시스템 설치, 외부 차양: 목재덧문 설치 건축주 블로그: http://blog.naver.com/lkh2133
인증번호	2012-p-009
공사형태	신축공사

출처 (사)한국패시브건축협회

배면도

좌측면도

정면도

우측면도

 설계포인트

친환경적이고 따뜻한 집을 원한 건축주의 의견을 반영하여 독일식 패시브 건축공법을 충실히 따르면서도 우리나라 실정에 맞게 설계한 패시브하우스이다. 동남쪽 도로면에 접한 단독필지 내 부지로 지하층은 취미실, 1층은 거실과 주방, 안방, 2층은 가족실과 자녀 방, 데크로 구성하였다. 친환경 황토페인트 마감재를 사용하고 열회수환기장치와 브라인시스템을 설치하였으며, 전동외부차양장치 대신 목재 셔터를 설치하고 경질목섬유, 연질목섬유, 셀룰로우즈 단열재 등을 사용한 목구조 패시브하우스이다.

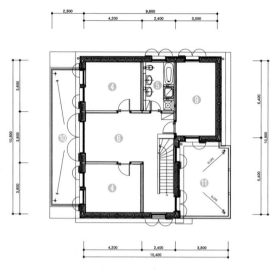

2층 평면도

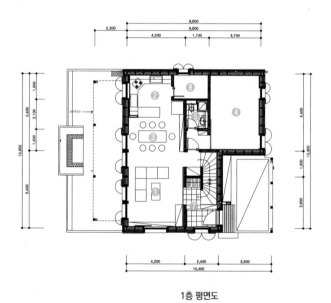

1층 평면도

① 거실 ② 주방 ③ 식당 ④ 침실 ⑤ 욕실 ⑥ 가족실 ⑦ 현관
⑧ 다용도실 ⑨ 창고 ⑩ 베란다 ⑪ 발코니 ⑫ 기계실 ⑬ 계단실

독일식 패시브하우스 대전 지족동 1.3리터

남양주에서 인증 2호 패시브하우스를 짓고 있을 때였다.
패시브 관련 자재 회사에서 연락이 왔다.
대략 이야기를 들어보니
독일에서 활동하는 홍도영 건축가가 설계한
패시브하우스의 시공 현장이 멈췄는데
그 현장을 맡아줄 시공사를 찾고 있다는 것이었다.

짓다가 멈춘 현장이라...
건축업계에는 불문율 같은 것이 있는데,
그중 하나가 다른 시공사가 중단한 현장엔
들어가지 않는다는 것이다.
왜냐하면 완공 후 발견되는 하자의
책임 범위가 애매하기 때문이다.

하지만 이 현장은 그냥 일반주택 현장이
아니고 패시브하우스 현장.

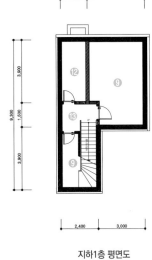

지하1층 평면도

 건축주 한마디

아파트에 거주할 때 철마다 아이들이 감기에 걸렸으나 이사 후에는 연례행사 같은 감기가 없어졌다. 실내온도가 거의 변함없이 따뜻하고 쾌적하며 온도, 습도가 큰 차이 없이 유지되는 패시브하우스 시스템의 영향으로 생각한다. 비용을 떠나 건강한 주거가 실현되었다는 것이 가장 만족스러워 인테리어보다는 단열과 기밀, 환기시스템에 투자하라고 이야기하고 싶다. 풍산우드홈은 디테일에 대한 연구 의욕이 좋고 시공력이 있는 믿을 수 있는 회사다.

● 동남쪽 도로 면에 접한 단독필지에 독일식 공법으로 지은 이 집은 외관도 독일 동네에 있는 것을 옮긴 듯하다.

2호 건축주 만나기도 힘들었는데
3호 건축주는 또 언제 만날 수 있을 것인가.
나는 우선 건축주와 건축가를 만나보기로 했다.

그 현장의 건축설계를 맡은 홍도영 건축가는 익히 알고 있었다.
1년에 두세 번 한국을 방문해 패시브하우스에 관한 세미나를 열고
한국에 패시브하우스를 보급하기 위해 건축주를 모집하는 등
업계에선 매우 지명도가 있는 인물이었기 때문이다.

현장을 방문해 보니
철수한 시공사는 지하실 공사를 마치고 포기한 상태였다.

지하 공사까지는 어찌 마무리했는데
홍도영 건축가의 패시브 설계 디테일 등이 너무 까다롭고 어려워
백기를 들었다는 것이다.

어떤 설계이기에 그랬을까.
도면을 받아보니 현장을 포기한 시공사의 심정이 이해가 갔다.
이게 과연 당시의 패시브 시공기술로 구현할 수 있었을까.
우리 회사가 패시브하우스를 지어본 경험이 있다고는 하나
그 도면은 전혀 다른
해석조차 쉽지 않은 디테일로 그려져 있었기 때문에
상세견적을 내기도 어려웠다.
게다가 미국과 캐나다식 목구조의 패시브
공법이 아닌 유럽식 패시브하우스이며,
독일의 PHI 인증을 목표로 하려는
1.5리터 패시브하우스 사양의 고난도 공사였다.

하지만 패시브하우스에 미친
김창근의 결정은 Go!
안 해 본 것 자체가 해야 할 이유였다.
무식하고 용감한 결정이 낳을
앞날의 역경 따위는 계산에 넣지 않았다.
불가능한 꿈에 저돌적으로 달려드는
돈키호테를 조상으로 둔 적은 없지만
나는 이미 풍차 앞에 칼을 뽑았다.
그리고 뽑은 칼로 헤쳐 나갈 일들이
하나씩 내 앞에 나타났다.

● 데크 소재를 벽돌로 선택했다.
나무데크와 달리 관리 측면에서 유리하다.
집안 곳곳에 자연스러운 여유가 묻어나 편안하다.

● 2층 외부에 데크를 설치함으로써
자연스럽게 확보된 1층은 비나 눈을
피할 수 있는 출입 동선이 되고, 여름
에는 햇빛 차단 효과도 볼 수 있는
기능적인 구조이다.

● 집 후면의 모습으로 내부뿐만 아니라 외관의 전체적인 디자인도
목재덧문과 데크, 펜스 등에 목자재를 사용하여 따뜻하고
편안한 느낌이다.

● 외부 창호를 통해 내부로의 열 유입을 막기 위해 외부에 차광용
목재 덧문을 설치했다. 전동차양장치보다 편리성은 떨어지나
그 자체로 집의 분위기를 멋스럽게 해주어 기능뿐만이 아닌
장식효과 면에서도 시선을 끈다.

● 집 후면의 2층 데크 아래 공간에
캠핑이나 취미용품을 수납하는 장을
두고 목공방으로 활용하고 있다.

유럽식 패시브하우스는 구조체 자체가 달랐다.

미국 캐나다식 패시브하우스는

2×6 목구조에 외단열 두께를 열관류율 값에 맞춰 붙이는 데 반해

유럽식은 외단열 미장공법이 아니다.

벽체와 서까래 구성이 구조적으로 어려운 요소가 많았다.

우선 외벽체의 구조가 달라 모든 것을 현장에서 만들어 써야 했다.

30센티 정도의 공간을 확보한 구조재 제작 스터드를 만들어

그 안에 스터드 선형열교차단을 위해 단열재를 채운 제작 스터드 벽체를 세웠다.

그 방법은 외벽에 EPS 단열재를 사용하지 않고

셀룰로우즈 충전으로 열관류율 값이 충분히 확보된

철저히 계산된 독일다운 공법이었다.

독일의 패시브하우스는 우리나라보다 20여 년이 앞서 있어

벽체가 공장에서 제작되어 나온다.

그 재료를 수입해 쓰자면 막대한 비용이 들기 때문에

우리 현장에선 작업자들이 일일이 수작업을 통해 제작했다.

벽체뿐 아니라 지붕도 제작 서까래로 올려야 했다.

지붕 단열재도 기존의 것이 아닌 목섬유를 사용했다.

목섬유는 목재를 실처럼, 두꺼운 섬유처럼 만든 친환경 단열재인데

고밀도와 저밀도 두 가지를 용도에 맞춰

현장에서 만든 제작 서까래에 충진해 써야 했다.

거기에 외벽과 지붕의 통기층을 확보하기 위한 공정이 더해져

작업 난이도는 생각보다 훨씬 높았다.

앞서 언급했듯이 까다롭고 어려운 도면 디테일도 문제였다.

현장 관리자 외에 설계에 유능한 직원을 현장에 보내 도면을 해석하게 하고

현장 작업자들이 쉽게 이해할 수 있도록 3D로 설명하는 샵드로잉 과정을 거쳐야 했다.

그 과정에 들어간 5개월간의 인건비와 경비만 약 2천5백만원 정도 더 들었다.
문제는 그 경비뿐이 아니었다.
그 전에 인증 패시브하우스를 2채 지으면서
숙련된 현장 작업자의 중요성을 느낀 나는
회사에서 월급을 주는 목수 직영팀을 꾸렸고 그들을 현장에 투입했다.
하지만 숙련된 목수들마저 그 현장은 버거운 현장이었고
급기야 6명의 목수 중 3명이 두 손을 들고 나갔다.
그 자리에 새로 충원된 작업자들은
현장 관리자에게 교육을 받으며 일을 해야 했기 때문에
공사기간에도 영향을 미쳤다.

홍도영 건축가의 난이도 높은 설계에
지하실 공사 후 공사가 중단되는 사태까지 벌어졌던 건축주의 관심도 지대했다.
건축주는 내가 만나본 기존의 건축주들과 달리 집에 대한 철학이 남달랐다.
주택에 대한 그의 생각은 건축 금액적인 것에 국한되지 않았고
멀리 보고 넓게 생각하는 '바른 인간형'의 모델 같았다.
가족과 함께 따뜻하고 행복하게 살 수 있는 집을 꿈꾸는 '누구나'에 속하지만
이왕이면 자신의 집이 환경에 좋은 영향으로 기여하기를 바랐다.

홍도영 건축가와 많은 대화를 통해 생각을 주고받으며 결정한 하나하나가
우리 작업자들 손에 의해 완성되어 가는 과정을 보며 그는 애정으로 참여했다.
꼼꼼히 현장 사진을 찍고 블로그에 기록으로 남기는 건축주의 남다름은
나에게 신선한 자극이 되었고
작업자들에 대한 신뢰와 감사 표현은
공사가 마무리되는 순간까지 훈훈한 힘이 되었다.

여러 우여곡절 끝에 유럽식 패시브하우스가 완공되었다.

● 남향에 배치한 거실과 주방 공간을 분리하지 않고 오픈하여 넓고 시원한 느낌이 든다.

● 2층 가족실 외부의 덧문을 닫은 모습.
여름철 외부 차양은 실내온도를
4~5도나 낮추는 효과를 낸다.

모든 패시브 성능 테스트를 거쳐 나온 성적은 1.3리터.

1.5리터를 상회하는 기록을 낸 것이다.

제대로 된 시공을 위해 애썼던 수많은 과정이 벅찬 보람으로 돌아왔다.

국내 최초 인증 목구조 패시브하우스 기록에 이어

국내 최초 1.3리터를 구현했다는 자부심에 그간의 고생이 싹 사라지는 느낌이었다.

● 외부 덧문을 열면 넓은 창으로 빛이 가득 든다.
박공지붕 선을 그대로 노출하고 천장을 원목루버로
마감해 조습에 도움이 된다.

● 2층 가족실을 사이에 두고 두 자녀의 방을
대칭되는 위치에 두었다. 아이의 정서를 배려한
해먹 하나만으로도 가족애의 분위기가 전해진다.

이제 건축주가 독일 PHI에서 인증을 받을 순서.

그 집의 인증은 우리 회사가 만들어 낸 실적으로 연결되기 때문에

내게도 중요한 의미를 주는 일이었다.

하지만 그 인증을 받는 데는

당시 약 천오백만 원이라는 막대한 비용이 든다는 사실을 뒤늦게 알게 되었다.

인증 비용이 크게 부담스럽다 보니

건축주는 이미 독일 PHI 기준의 성적이 나온 거로 만족하기로 마음을 굳힌 상태.

나는 아쉬운 마음에 한국패시브건축협회의 인증이라도 받는 것이

어떻겠냐고 권유했지만, 건축주는 이만한 성적에 만족했으니

굳이 인증을 받지 않아도 된다는 생각을 전했다.

하지만 나는 그 집을 짓는 동안 했던 고민과

작업자들의 고생을 기록으로 인정받고 싶었다.

그래서 내가 직접 한국패시브건축협회에 인증 비용을 내고

패시브하우스 인증 현판을 받아다 건축주에게 전달했다.
현판에 또렷이 새겨진 1.3리터 인증을 보며
1호, 2호 때 느껴보지 못한 벅참이 뻐근하도록 가슴 가득 밀려왔다.

연이어 적자로 이어지는 상황이었지만
나에게는 이 현장을 통해
국내 최초 독일식 패시브 설계시공 기술을 습득했다는 것이
무엇보다 중요했다.

실제 그랬다.
어려운 현장에서 머리 터지게 고생한 시간은
설계 응용력과 시공 응용력으로 연결되어
다음 현장에서 빛을 보는 순서로 나타났으니까.

● 자녀 방에는
복층으로 작은
방형 다락을
배치했다.
특별한 공간을
만들어 밝은
동심을 지켜보는
부모의 섬세함이
느껴진다.

● 건축주의 손길이 닿아 목재 프레임을 두른
인증현판. 당시 구현하기 어려운 여러 가지 과정이
고스란히 담겨 있는 성적이다.

● 창문마다 설치한 목재덧문.
나무가 주는 운치가 흰색의 외벽과
잘 어울린다. 외부에 철물 스토퍼를
설치해 덧문을 열었을 때 고정할
수 있다.

04 | 부부의 꿈이 깃든 집

가평 2.8리터

건축정보

용도	단독주택 (2.8리터)
건축물주소	경기도 가평군 상면
설계사	㈜풍산우드홈 (정회원사)
시공사	㈜풍산우드홈 (정회원사)
에너지컨설팅	한국패시브건축협회
연면적	116.98㎡
규모	지상 2층
구조방식	목구조
난방설비	보일러
주요외장재	외단열미장마감시스템(스타코플렉스) / EGI 칼라강판
외벽구성	T180 비드법보온판 1종3호 / T140 글라스울24K
외벽 열관류율	0.128 W/㎡·K
지붕구성	T320 글라스울24K
지붕 열관류율	0.103 W/㎡·K
바닥구성	T200 비드법보온판 1종1호 / T150 압출법보온판 1호
바닥 열관류율	0.089 W/㎡·K
유리구성	로이3중유리, 단열간봉
유리 열관류율	0.75 W/㎡·K
유리 g값	0.4
현관문 열관류율	0.8 W/㎡·K
기밀성능(n50)	0.44 회/h
환기장치효율(난방효율)	75 %
난방면적	104㎡
난방에너지요구량	28 kWh/㎡·a
난방부하	18 W/㎡
계산프로그램	Phpp2007
태양광발전 용량	3 kWp
인증번호	2012-P-012

출처 (사)한국패시브건축협회

배면도

좌측면도

정면도

우측면도

 설계포인트

외단열 미장공법과 리얼징크를 혼합한 외부 벽면에 나무로 포인트를 주었다. 지지
구조가 없는 현관의 바깥 면과 옆면, 면적이 다른 각층의 조화와 균형을 맞추고 단
순한 박스형 패시브하우스 구조에서 벗어나 디자인에 변화를 주었다. 1층 거실과
주방 공간은 분리하되 벽 상부를 열어 개방감이 들도록 하였다. 2층에는 작은 평
수를 보완해 주는 넓은 발코니를 두었고, 두 침실을 양방향으로 배치하여 프라이
버시를 확보하였다.

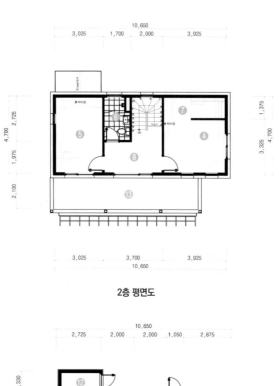

2층 평면도

1층 평면도

❶ 거실 ❷ 주방 ❸ 식당 ❹ 안방 ❺ 침실 ❻ 욕실 ❼ 드레스룸
❽ 복도 ❾ 현관 ❿ 다용도실 ⓫ 창고 ⓬ 보일러실 ⓭ 베란다 ⓮ 데크

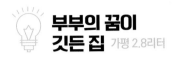

부부의 꿈이 깃든 집 가평 2.8리터

'부부의 꿈이 깃든 집'

나는 이 집을 이렇게 말하고 싶다.

사실 건축주 부부는 처음부터 우리 회사를 찾아온 게 아니었다.
다른 시공사에서 지은 집의 디자인이 마음에 들어 그곳을 찾아 상담했는데,
36평을 계획하고 있다는 부부의 말에 그 회사가 적극적이지 않았던 모양이다.

상담할 때 예산과 규모는 공사할지 말지에 지대한 영향을 미친다.
건축주 부부는 그 회사에서 거절당한 예산과 규모로
다시 우리 회사를 찾아왔고
나는 큰 고민 없이 지어드린다고 했다.

패시브하우스를 지은 지 4년 차.
비록 이익이 남지 않는 공사라 해도
아직 내게는 공부의 기회라고 여겨졌기 때문이다.

건축주 한마디

3년 가까이 건축박람회와 전시장을 찾아다니며 공부했다. 사는 동안 경제적이고 건강한 노후를 보낼 수 있는
집을 짓고 싶었는데 패시브하우스에 대해 알게 되었다. 건축비는 부담이 되었지만, 살아보니 아파트에서 살던
때의 1/3 수준의 난방비와 늘 실내공기가 쾌적하게 유지되어 매우 만족스럽다. 데크에 오일스테인도 직접 칠
하고 꽃 가꾸는 재미에 날마다 행복하다.

이미 오래전부터
'패시브하우스 열 채를 지을 때까진 돈 안 남겨도 좋다.'는
꼴통 배짱 하나를 마음속에 바위처럼 눌러놓고 신조 삼았던 때였다.

건축주 부부와 이야기를 나누면서
그들이 새로 지을 집에 얼마나 애정을 가졌는지가 눈에 보였다.
집을 짓는 사람들이라면 누구나 다 그럴지 모르지만,
성격이나 표현하는 방식에 따라 드러남에 차이가 있는데
이들 부부는 다가올 미래도 따뜻하게 느껴질 만큼
알뜰살뜰한 정성이 배어 나왔다.

집 지을 결심을 한 순간부터 경기도며 강원도 일대를 발품 팔다
지인의 소개로 가평의 전원주택 단지를 낙점한 부부는
다음 순으로 집 모양을 고민하고 시공사를 고민했을 것이다.

그렇게 우리와 인연이 된 부부의 꿈을
온전히 완성해 주어야 할 의무감을 충전하고
그들의 이야기를 현실화하는 작업에 들어갔다.
부부가 원하는 느낌의 디자인으로 설계를 하고
집의 분위기를 좌우하는 외벽 마감재를 결정했다.
외단열 미장공법과 리얼징크를 조화시키고 포인트는 나무다.

설계상 현관 위쪽과 만나는 2층 바닥 면의 단열과
지지구조를 갖지 않는 현관 외측 면의 안정된 시공이 관건인 공사였다.
1층 면적과 2층 면적이 다른 데서 오는 기밀과 단열의 보강도 숙제였다.
기존의 밋밋한 박스형 구조에서 디자인에 변화를 주니
작업 난이도 또한 높아졌다.

● 집의 좌측면은 우측과 달리 평면으로 시공했다. 1층과 2층의 외벽 소재를 달리한 것이 특징이다.

● 외관은 칼라강판과 스타코 그리고 적삼목사이딩을 포인트로 사용하여 깔끔하고 심플한 모던 스타일 주택이다. 따뜻한 지붕(Warm Roof) 시공에 리얼징크를 지붕에서 2층 벽면까지, 일부는 1층 벽면까지 마감했다. 패시브하우스는 한 겨울에도 난방비 걱정없이 적정한 실내온도를 유지할 수 있다.

● 본채와 마당 사이에 설치한 데크는 내·외부의 출입을 자유롭게 하고 소박한 테이블에서 차와 이야기를 나누는 즐거움을 주는 공간이다.

● 현관 입구는 지지구조 없이 심플하다.
이런 구조는 균형과 단열 시공에 난이도가
높은 설계이므로 더욱 신경을 써야 한다.

● 주택 오른쪽에서 본 외관은 지붕과 같은 소재인 리얼징크를
다른 높이로 나눴으며 창문 하단에 적삼목으로 포인트를 주었다.

하던 대로 하면 문제 될 것이 없을 정도로 기술력이 안정된 상태에서
안 하던 것을 하려니 그에 따른 작업자의 고충은 불만으로 표시됐다.

"뭐 때문에 이렇게 어렵게 하냐." 였다.

나는 현장 책임자에게 강조했다.
새로 짓는 집은 먼저 짓는 집보다 나아야 한다.
먼저 지은 것을 답습하지 마라.
보이는 것도 안 보이는 것도 새롭게 하는 것,
비록 작은 부분일지언정 그게 모두를 위한 발전이다.

현장에서의 기술적인 골머리는
해결되는 순간부터 노하우로 축적되므로

● 주방과 거실 사이 벽 상부를 오픈하여
분리와 개방의 느낌을 함께 느낄 수 있다.

● 2층으로 오르는 계단실 좌우로
갤러리 문을 설치해 스탠드형 에어컨을
커버하고 수납공간으로 사용한다.

● 2층에 위치한 침실은 천정을 루버로 마감해
조습 효과가 있으며, 여러 개의 작은 창이
장식과 조망 효과를 겸하고 있다.

● 흰색의 주방가구와 벽면의 검은 타일이 깨끗하고 세련된 느낌을 준다. 개수대 쪽에 작은 창을 두어 답답하지 않다.

그게 시간이 걸리든 돈이 들든
맞닥뜨려야 자산이 될 것이라는 믿음을 심어주고 싶었다.

우리가 숙제를 풀어가는 동안
건축주 부부도 일주일에 한 번은 꼭 현장을 방문해
그들만의 세심함을 발휘했다.
이미 설계 단계부터 그간 쓰고 닦아
정든 가구를 염두에 두고 치수를 알려 주었던 꼼꼼함은
실내를 꾸미는 재미로 옮겨져

서로 머리를 맞대고 의논한 내용으로 하나하나 자리를 잡았다.
함께 할 공간을 위해 나란히 참여하는 모습은
먼 데서도 훈훈하여 보기가 좋았다.

 5개월여의 공사가 끝나고
드디어 2차 기밀성 시험에서 나온 성적은 2.8리터.
시공 난이도가 꽤 있었음에도 애쓰고 노력한 결실이 성과를 낸 것이다.

이 집을 패시브로 구현하기엔 비용과 노력을 많이 들여야 하는 집이라는 것을
볼 줄 아는 사람 말고는 알 수가 없어 좀 허전할 무렵
한국패시브건축협회 회장님이 건넨 말씀 하나를 보상처럼 칭찬처럼 챙겼다.

"이 집은 구조적으로 난이도가 높고 디자인이 제일 좋다."

어려운 분야를 아는 사람에게 인정을 받는다는 것.
그건 한 계단 더 오르는 데 용기로 작용함을
나이와 상관없이 실실 나오는 웃음도 막을 수 없음을 알았다.

● 3리터 조건의 약속보다 안정적인 성적으로 인증 받았다.

05 건축주도 공부한다

건축정보

용도	단독주택 (2.9리터)
건축물주소	충청북도 보은군 보은읍
설계사	㈜풍산우드홈 (정회원사)
시공사	㈜풍산우드홈 (정회원사)
에너지컨설팅	한국패시브건축협회
연면적	113.40㎡
규모	지상 2층
구조방식	목구조
난방설비	보일러
주요내장재	석고보드 위 벽지
주요외장재	외단열미장마감시스템
외벽구성	T150 비드법보온판 2종3호 / T140 글라스울
외벽 열관류율	0.128 W/㎡·K
지붕구성	T368 글라스울
지붕 열관류율	0.116 W/㎡·K
바닥구성	T300 압출법보온판 1호
바닥 열관류율	0.09 W/㎡·K
창틀 제조사	케멀링
창틀 열관류율	1.42 W/㎡·K
유리 제조사	한글라스
유리구성	로이3중유리
유리 열관류율	0.78 W/㎡·K
유리 g값	0.5
현관문 열관류율	0.8 W/㎡·K
기밀성능(n50)	1.54 회/h
환기장치효율(난방효율)	75%
난방면적	94㎡
난방에너지요구량	29 kWh/㎡·a
난방부하	20 W/㎡
계산프로그램	PHPP2007
태양광발전 용량	3 kWp
인증번호	2012-P-003

출처 (사)한국패시브건축협회

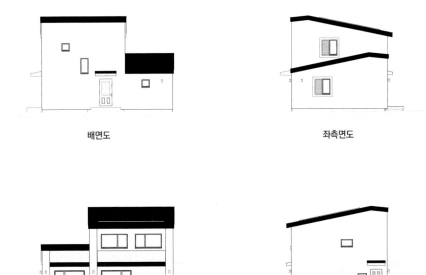

배면도

좌측면도

정면도

우측면도

* 이 주택은 산업통상자원부가 선정한 '충북 지역 에너지 절약주택' 모델이다.
모델로 선정되면 주택의 연료 관리 상태, 소모량 등의 데이터를 정부 측에 제공하는 조건으로 태양광시스템 설치를 무료로 지원받을 수 있다.
덕분에 이 주택은 전기료를 매월 5~6천원 정도만 납부하면 된다.

 설계포인트

태양광발전을 연계하여 첨단주택용 에너지컨트롤 모듈을 설치하고 홈에너지관리
시스템을 구축하여, 태양광 발전과 대기전력 및 과소비 자동 차단과 상황인식에
따른 난방온도 자동조절을 할 수 있게 하여, 더욱 합리적인 에너지 소비가 가능한
주택이다. 1층에 거실 겸 원룸형의 방을 배치하고 식당과 주방을 같이 구성하여
공간 활용도를 높였으며 2층에 침실을 배치했다. 모던한 느낌을 강조한 외관이 특
징이며 거실과 식당에 외부 차양장치를 설치하여 여름철 일사량 조절에 유리하다.

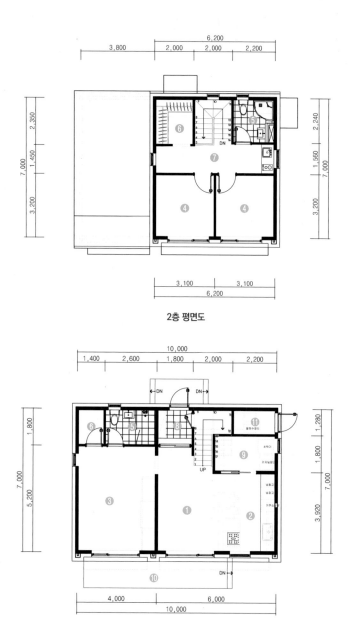

2층 평면도

1층 평면도

❶ 거실 ❷ 주방 및 식당 ❸ 안방 ❹ 침실 ❺ 욕실 ❻ 드레스룸
❼ 복도 ❽ 현관 ❾ 다용도실 ❿ 데크 ⓫ 보일러실

건축주도 공부한다 보은 2.9리터

이 집은 아들이 아버지를 위해 지은 집이다.

건축주는 해외 출장이 잦은 다국적 기업에 근무하면서
독일의 패시브하우스를 인상 깊게 본 터인데,
당시 우리나라에서 패시브하우스를 지어 본 시공사는
우리 회사를 포함하여 열손가락 안이었다.

한국패시브건축협회를 통해 우리 회사를 알게 된 건축주와 미팅을 하면서
나는 그가 가져온 자료를 보고 매우 놀랐다.
구글을 검색해 패시브하우스에 관련된 엄청난 자료를
엑셀 파일로 만들어 온 것이다.

"제가 수집한 패시브하우스에 관한 자료입니다.
이걸 참고해 지어 주십시오.
이 검색 자료 안에 제가 짓고 싶은 집이 들어 있습니다."

 건축주 한마디

아들이 해외 출장을 많이 다니면서 독일에 있는 패시브하우스를 알게 됐다. 우리나라에도 그런 집을 짓는 곳
이 있는지 알아보니 당시 시공이 가능한 회사가 세 곳이었다. 그 중 이 시공사를 선택했다. 우리는 소수를 위
한 고가주택을 원하지 않았다. 에너지 자립을 할 수 있는 소박한 전원주택을 짓고 싶었다. 설계부터 시공까지
모두 지켜봤는데 다른 집 짓는 것과는 비교할 수 없이 달랐다. 그 결과 집이 무척 따뜻하다. 요즘 에너지 문제
도 탄소배출도 큰 문제다. 이 집은 다른 주택보다 에너지 절약이 탁월하다. 앞으로 이런 주택이 많아져야 한다
고 생각한다.

집에 대한 고민이 얼마나 컸는지 짐작이 갔다.
이제껏 살아왔던 집에 만족할 수 없었던 요소요소들을 충족하기 위해서
그리고 퇴직한 아버지의 안락한 생활을 위해서 고민한 그는
그 답을 패시브하우스에서 찾은 것이다.

건축주의 아버지는 보은군의 군수로 명예퇴직하신 분으로
공직생활 틈틈이 고향 마을을 둘러보며 땅을 고르고
그곳에 조립식 주택을 올려 13년을 살았다.
하지만 어느 날 불이 나서 새로 집을 지어야 했고
아들인 건축주가 주도하여 패시브하우스를 짓기로 한 것이다.

불이 난 터를 방문해 보니
불에 탄 벽체며 창호 지붕의 소재와 수준이 한눈에 보였고
단열에 취약한 집에서 불편한 생활을 했음이 고스란히 확인되었다.

역시나 건축주는 겨울의 추위와 난방비를 줄일 수 있는 집을 원했다.
층을 나누어 아래층은 부모님을 위한 공간 배치로 설계하고
위층은 자신을 위한 서재와 방, 간이 주방, 욕실로 구성했으면 했다.
그리고 그는 자신이 원하는 건 과시성 고가주택이 아닌
에너지 자립이 가능한 실용적이고 친환경적인 집임을 강조했다.

당시 우리 회사는 패시브하우스를 지은 지 3년 차 되던 해여서
앞서 몇 채 지은 기술력은 꽤 안정적인 수준에 이르렀고
건축주가 원하는 요구는 기본에만 충실하면 문제가 없는 정도였다.

초기 패시브하우스는 단열과 기밀에 초 중점을 두었기 때문에
외관이 간결한 박스 형태가 대부분이었다.

● 간결한 디자인이 특징인 이 집은 태양광 발전과 대기전력 및 과소비 차단 장치를 설치했다.
이는 합리적 에너지 소비에 도움이 된다.

● 측면의 잔디밭엔 잔디블록을 넓게 깔아 주차공간을 마련했다.
자생한 소나무의 자연스러움과 작은 장독대 등이 편안한 분위기를
자아낸다.

● 거실과 안방 창에 설치된 외부
차양장치. 한여름 집안으로 드는
햇빛을 차단해 실내온도를 쾌적하게
유지하는 데 도움이 되는 패시브하우스
의 필수요소다. 창 앞에 설치한 넓은
데크는 실내를 연장하는 효과를 주는
제 2의 거실 역할을 한다.

● 생울타리로 둘러쳐진 집 입구는 단절보다는 아늑한 느낌을 준다.

● 집을 둘러싼 산이 병풍 같고 주변의 들판이 평화로운 곳에 있어 노년의 부모님이 안정적으로 소일하며 지내시기에 좋은 곳이다.

이 집도 초기의 패시브하우스라 그 외형을 기본으로
열과 에너지가 새지 않도록 꼼꼼히 시공하는 것을 원칙으로 했다.

모던한 설계에 맞춰 선택한 내후성 강판 지붕은
금속의 속성상 다른 소재보다 열전도율이 높아 통기 층에 특히 신경썼다.
패시브하우스를 지으며 터득한 이중지붕의 중요성은 이 집에도 적용되었다.
이중 지붕의 외벽체와 내벽체 사이에 공기 흐름을 만들어
바깥의 빗물이 못 들어오게 하고
공기층 자체의 단열효과를 이용할 수 있기 때문이다.
지붕 시공 후 마무리는 독일에서 수입한 블라켓 마운트를 달아
완공 후의 계획인 태양광 집광판 설치가 쉽도록 신경 썼다.

3리터 인증을 목표로 지은 이 집은 최종 2.9리터로 안정적인 성적을 냈고
충청북도 최초의 패시브하우스로 기록되었으며
산업통상자원부가 선정한 충북지역 에너지 절약 주택의 모델로 뽑혔다.
모델로 선정되면
주택의 연료 관리 상태와 소모량 등의 데이터를 정부에 제공해야 하는데
거기에 따른 혜택으로 태양광 설치를 무료로 지원받을 수 있다.
그 덕에 이 주택은 한 달에 5~6천원의 전기요금만 부담하면 된다.

무엇보다 큰 차이는
조립식 주택의 경우 한겨울에 한 달 난방에 드는 기름이
아껴 쓰면 한 드럼, 좀 따뜻하게 지냈다 싶으면 두 드럼 이상이었는데
2.9리터 인증 패시브하우스의 기능상
1년에 한 드럼의 난방유로 경제적이고 마음 편하게 지낼 수 있다는 점이다.

장성한 아들이 아버지를 위해 신경 써 지은 집이라면

● 원룸 형식으로 꾸민 부모님의 방. 동선을 최소화할 수 있도록 가구와 TV 등을 배치했다.

● 거실과 겸한 주방엔 간결한 주방가구와 3구 펜던트등으로 포인트를 주었다.

● 싱크대와 연결된 작은 식탁은 노부부의 동선을 줄이는 데 도움이 된다.
보조주방과 연결된 진한 색감의 여닫이문이 주방가구와 잘 어울린다.

● 현관 중문 옆에 2층으로
오르는 계단실을 배치했다.

그 마음만으로도 흐뭇한 일이 아닐 수 없다.
볕 잘 드는 창가에서 느긋하게 낮잠을 즐기고
찬바람 환기 필요 없이 늘 쾌적한 공기를 호흡하는 공간.
일선에서 물러난 노년 아버지의 안락함을 바라보는
아들의 마음은 또 어떨 것인가.

세심하게 신경 써 지은 집이 보장해 주는 것은
결코 난방비 뿐은 아닐 것이라고 나는 굳게 믿는다.

● 2.9리터의 기밀성능을
인증 받은 현판.

건축정보

용도	단독주택 (3.0리터)
건축물주소	강원도 화천군 하남면
설계사	㈜풍산우드홈 (정회원사)
시공사	㈜풍산우드홈 (정회원사)
에너지컨설팅	한국패시브건축협회
연면적	106.44㎡
규모	지상 2층
구조방식	목구조
난방설비	보일러
주요내장재	석고보드 위 벽지
주요외장재	외단열미장마감시스템
외벽구성	T200 비드법보온판 2종3호 / T140 셀룰로오스단열재
외벽 열관류율	0.108 W/㎡·K
지붕구성	T368 글라스울24K
지붕 열관류율	0.116 W/㎡·K
바닥구성	T300 압출법보온판 1호
바닥 열관류율	0.091 W/㎡·K
창틀 제조사	융기
창틀 열관류율	0.77 W/㎡·K
유리 제조사	한글라스
유리구성	로이3중유리
유리 열관류율	0.75 W/㎡·K
유리 g값	0.4
현관문 열관류율	0.8 W/㎡·K
기밀성능(n50)	0.7 회/h
환기장치효율 (난방효율)	75%
난방면적	117㎡
난방에너지 요구량	30 kWh/㎡·a
난방부하	18 W/㎡
계산프로그램	PHPP2007
태양광발전 용량	3 kWp
인증번호	2013-P-002

출처 (사)한국패시브건축협회

배면도

좌측면도

정면도

우측면도

 설계포인트

지촌천이 흐르는 건물 앞의 조망을 살리면서 2층 주택에 각각 세대를 분리하여 사용할 수 있도록 설계하였다. 거동이 불편한 가족 구성원을 배려하여 슬로프로 진입로를 만들고 2층에는 넓은 발코니에 온실 공간을 확보하여 활용도를 높였다. 1층과 2층 거실에 외부차양장치를 설치하면서 상부에 구조물 차양을 설치하여 일사량을 조절할 수 있게 했다. 패시브하우스의 다섯 가지 요소기술인 고단열, 고기밀, 3중유리 PVC시스템창호, 열회수환기장치 및 외부차양장치에 신재생에너지인 태양광 3kWp를 설치한 그린홈 컨셉과, 1층과 2층을 분리해서 각각 사용할 수도 있고 같이 쓸 수도 있는 일명 '캥거루하우스' 기능에 태양광 발전 연계형으로 첨단 주택용 에너지컨트롤모듈시스템이 설치된 스마트홈이다.

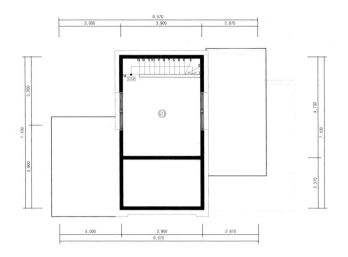

다락 평면도

2층 평면도

① 거실 ② 주방 및 식당 ③ 안방 ④ 욕실 ⑤ 현관1
⑥ 현관2 ⑦ 다용도실 ⑧ 데크 ⑨ 다락

여러 채의 패시브하우스를 지으면서 내 자존심과 자부심은 함께 기준을 키웠다.
내가 지은 집에 사는 이들의 만족한 표정이 그 거름이 되었달까.
하지만 한 채를 짓고 그다음 채를 위해 새로운 건축주를 만날 때마다
나는 일종의 허기 같은 것을 느꼈다.

1층 평면도

건축주 한마디

이 집은 패시브하우스에 대한 스스로의 확신과 미래 건축주들의 인지도 확대를 위해 지은 집이다. 패시브하우스의 장점이 아무리 많아도 설명으로 이해시키기에는 한계가 있었다. 백문이 불여일견이라는 말처럼 실제 패시브하우스를 체험할 수 있는 공간이 있다면, 우리가 살아야 하는 집의 개념에 변화를 줄 수 있으리라 생각했다. 쾌적한 공간이 보장하는 건강과 행복은 보다 정확하고 정직한 정보에서 비롯된다고 생각한다. 내 집 짓기의 꿈이 견고한 경험과 만난다면 그 안에 담기는 시간도 따뜻함을 보장받을 수 있다고 생각한다.

그것은 남의 경험을 빌어 '~ 그렇답니다.'가 아닌
내 확신으로 '~ 그렇습니다.'라고 할 수 없어서였다.

패시브하우스가 요구하는 여러 조건의 수치와
그것을 충족했음을 증명하는 인증 현판만으로는 해결되지 못하는 그것.
꽂히면 하고 마는 불치병 증상이 머릿속을 스멀거리기 시작하고
결국 나는 일을 내고 말았다.

땅을 샀다.
위치는 우리나라 기후 통계상 가장 춥다는 강원도 화천.
내가 짓는 패시브하우스의 기능이 가장 정확하게 입증될 수 있는 최적의 땅이었다.

그곳에 지을 패시브하우스는 기존의 집보다 특별해야 했다.
내가 알고 있는 '바람직하고 똑똑한 집'의 기능적 요소들을 모두 적용하여
어느 누가 물어봐도 장단점을 확실히 전달할 수 있어야 한다고 생각했다.
거기에 일반적인 주택 구조를 탈피,
2층 구조에 두 가구가 살 수 있도록 설계했다.
일명 캥거루 주택이다.
그것은 노모를 모시고 있는 가장으로서 현실적인 결정이기도 했다.

모든 개인은 프라이버시를 보장받아야 하는데
한 공간에서 세대가 다른 가족 구성원이 살게 되면
이해와 배려의 한 끝에 서운함과 불편함이 따라오게 되고
그게 쌓이면 갈등이 생길 수 있음을 고려한 것이다.
아직은 생활 터전이 도시이다 보니
완공되어도 바로 이사할 수 없었으므로
나는 그 집을 특별하게 활용할 계획 또한 갖고 있었다.

● 1층과 2층을 함께 쓸 수도 세대를 달리해 분리할 수도 있는 캥거루 하우스다.
세대 간의 사적 공간을 보장하면서 함께 산다는 안도감을 느낄 수 있다는 장점이 있다.

● 측면에서 본 모습. 1층의 현관 진입 공간 위에 2층 발코니를 두었다.

● 1층과 2층 거실에 설치한 처마는
계절에 따라 햇빛을 들이거나 막는 데
필요한 요소이다.

● 현관 입구에 경사로와 계단을 혼용 설치했다. 노약자와 거동이 불편한 구성원이 있는 경우를 배려한 아이디어다.

● 각각의 문을 열면 두 개의 현관이 나온다. 각 공간은 문을 열거나 닫아 독립공간으로 또는 공용공간으로도 활용할 수 있다.

● 현관 입구에 1층과 2층의 출입문이 따로 있다.

지금은 패시브하우스에 대한 인지도가 좀 나아졌지만
그때까지만 해도 패시브하우스는 현실과 먼 신기루처럼 느껴질 때였다.
지척에 누군가 있어서
'살아보니 참 좋더라~' 하는 경험을 전달받을 수도 없고
어쩌다 TV 다큐멘터리에 소개되어도
아직은 먼 '꿈의 집'으로 밖에 여겨지지 않는 현실에서
인지도를 개척해야 하는 게 급선무라고 생각했다.

나는 이 집을 일정 기간 패시브 체험 하우스로 운영하기로 마음먹었다.
여러 사람이 와서 직접 패시브하우스가 주는 쾌적함을 느끼고
에너지 절약 측면에서 얼마나 효율적인지 직접 경험하는 것이
백 마디 말보다 낫다는 판단에서였다.

패시브하우스가 세계적인 추세임에도 불구하고
인식이 부족하여 어디 한번 마음 내보기가 어려운 우리나라 실정에
드디어 내가 할 수 있는 노력 중의 하나로 집짓기가 시작되었다.

위 아래 합쳐 30평.
가장 현실적인 면적에 최선의 계획으로 하나씩 시공해 나갔다.
오스트리아에서 생산된 셀룰로우즈 단열재와 열회수장치는 기본이고
내장마감재는 건강에 도움이 되는 천연소재들을 적용했다.
바탕공사에는 액상 숯을 도포하고
침실 바닥에는 황토석,
모든 벽에는 실내공기를 정화해 주는 규조토를 발랐으며
천정은 편백으로 마감했다.
거기에 스마트홈의 기능으로
태양광 발전 연계형으로 에너지컨트롤모듈까지 설치한 집은
3리터 인증으로 완공됐다.

● 1층 주방. 작업대와 식탁을
겸한 주방가구를 배치해
공간 활용도를 높였다.

● 2층 주방. 주부의 동선을 위해 주방가구를 ㄷ자로 배치하고
다락으로 오르는 계단의 경사면 아래 공간을 확보해 냉장고를 놓았다.

그렇게 완공한 집은 내 기대를 무너뜨리지 않았다.

외부온도가 영하 20도에도 실내온도는 23도를 유지하면서

난방비는 일반주택의 80% 절감 효과가 나타난 것이다.

거기에 몸으로 느껴지는 공기의 쾌적성이 매우 뛰어났다.

한 동네 사시는 분께 우리 집 이름을 부탁드리니

토보산 골짜기 지촌천 앞에 지어진 것을 고려해

'힐링리버'가 어떻겠냐 제안하셨다.

'힐링리버'

내 가족은 물론 체험객으로 오신 분들의 느낌과 부합하는 이름이었다.

하룻밤 혹은 이틀 밤뿐이어도 체험객들은

이 집이 일반 아파트나 개인주택과 다름을 바로 느꼈고 관심을 가졌다.

"이름 참 잘 지었네요."

● 다락의 모습. 창문을 달아 실내 밝기와 환기가 용이하고
지붕 경사면 끝에 수납공간을 확보해 자투리 공간을 최소화했다.

● 이 집은 한동안 패시브하우스의
인식 확산을 위한 체험관으로 사용했다.

● 3리터 패시브하우스 인증 현판

내 느낌과 우리 집에 든 이들의 느낌이 일치한다는 사실은
패시브하우스에 대한 나의 확신을 더욱 견고하게 했다.

자, 이제는 알고 짓는다!

보일러가 너무 안 돌아가
발이 시려요

함양 행복마을 1.5리터

건축정보

용도	단독주택(1.5리터, 패시브하우스)
건축물주소	경상남도 함양군 지곡면
설계사	(주)풍산우드홈 (정회원사)
시공사	(주)풍산우드홈 (정회원사)
연면적	132㎡
규모	지상 2층
구조방식	목구조
외벽구성	T200 비드법보온판 1종3호+T11 OSB+T140셀룰로오스 (2X6 구조재 @ 400)+T19 석고보드
외벽 열관류율	0.121 W/㎡·K
지붕구성	T420 24K 글라스울(I-Joist @ 600)+T19 석고보드
지붕 열관류율	0.09 W/㎡·K
바닥구성	T50 시멘트몰탈+T50 비드법보온판 1종3호 +T200 철근콘크리트+T150 압출법보온판 1호
바닥 열관류율	0.147 W/㎡·K
창틀 제조사	융기
창틀 열관류율	0.77 W/㎡·K
유리구성	로이삼중유리
유리 열관류율	1.1 W/㎡·K
유리 g값	0.54
기밀성능(n50)	0.55 회/h
환기장치효율(난방효율)	75 %
난방면적	115.2㎡
난방에너지요구량	15 kWh/㎡·a
난방부하	13 W/㎡
1차에너지소요량	112 kWh/㎡·a
계산프로그램	PHPP7
태양광발전 용량	3 kWp
인증번호	2013-P-010

출처 (사)한국패시브건축협회

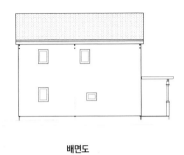

배면도

좌측면도

정면도

우측면도

 설계포인트

직사각형 평면에 박공지붕, 1,2층 데크와 발코니로 변화를 준 목구조 패시브하우
스다. 건축물은 필지 내에서 서쪽 모서리에 배치하고, 지붕 마감재인 점토기와 위
에 태양광 3kWp를 설치했다. 내부 벽 마감재는 한지벽지로 천정은 레드파인 루
버로 마감했다. 1층 중앙에 계단실을 두고 이를 중심으로 좌측엔 부부침실, 우측
엔 거실, 뒤쪽에 주방을 배치했다. 2층 자녀 방은 높은 박공지붕의 장점을 살려 다
락을 만들고, 계단 겸 수납공간을 만들어 공간 활용도를 높였다.

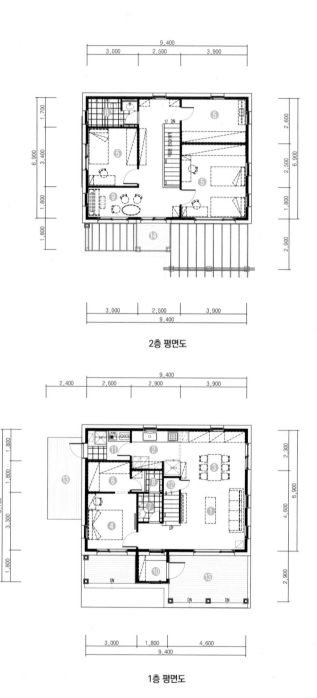

2층 평면도

1층 평면도

① 거실 ② 주방 ③ 식당 ④ 안방 ⑤ 침실 ⑥ 드레스룸 ⑦ 욕실 ⑧ 샤워실
⑨ 가족실 ⑩ 현관 ⑪ 다용도실 ⑫ 창고 ⑬ 데크 ⑭ 발코니

보일러가 너무 안 돌아가
발이 시려요 함양 행복마을 1.5리터

사람이 살아가는 데 있어 의식주를 떼어 생각할 수 있을까.
다만 꼭 필요한 요소들임에도 차이가 있다.

입는 것과 먹는 것의 다양함은 선택의 폭이 넓고
한 번 잘못 골랐다고 하여 큰일 나는 것은 아니다.
새로 산 옷이 안 맞거나 안 어울리면 바꿀 수 있고
오늘 먹은 된장찌개가 맛이 없으면 내일 식탁에 김치찌개를 올리면 된다.

하지만 집은 다르다.
의식주 중 유일하게 집은 재산이기 때문이다.
위치며 재료며 크기, 거기에 가격까지 모든 것이 다 신경 쓸 거리다.

오래전 벽과 지붕으로 바람만 막은 집은 기능적으로 문제가 많았다.
시간이 지나면서 전문 건설업체가 지은 아파트는
발전을 거듭해 외형적인 완성도와 내부 기능성을 높였다.

 건축주 한마디

아내가 추위를 많이 타 무조건 단열이 뛰어난 집을 지어야 했다. 그래서 고단열 고기밀로 설계하고 폐열회수 장치를 이용한 패시브하우스를 짓기로 했다. 일반주택과 패시브하우스를 등산복으로 비유하자면 일반 등산 복과 고어텍스 등산복의 차이라고 생각한다. 방수와 투습을 동시에 만족시키면서도 난방비가 거의 들지 않는 우리 집에 100% 만족한다. 국내 패시브하우스 전문 시공업체 1세대인 시공사를 선택한 결과는 대만족이다.

하지만 바람 술술 들어오는 옛날 집에는 없었던
결로와 곰팡이가 문제로 대두되었다.
그 문제는 건강과 밀접한 관계가 있음이 검증됨에 따라
사람들의 집에 대한 최대 관심은
결로와 곰팡이로부터의 해방이라 해도 과언이 아니다.

우리 회사를 찾아온 함양의 건축주 또한 그런 고민을 했다.
특수 교량 설계 및 시공을 하는 회사의 이사로 재직 중이었던 건축주는
결로와 곰팡이가 심각한 아파트에 거주하면서
아이들의 건강 걱정과 술술 새는 난방비로 스트레스가 크다고 했다.
오랜 시간 고민하던 그는 집을 짓기로 마음먹었고
이런저런 경로로 패시브하우스에 대해 알게 되었다고 했다.
패시브하우스에 대해 여러 검색과정을 거쳐 기본적인 학습이 된 건축주였지만
여느 건축주와 마찬가지로 건축비 대목에서 한 번 더 고민에 빠졌다.

"얼맙니까?"

"시공비는 일반주택보다 비쌉니다."

일반적인 시공법으로 짓는 집이 아니기 때문에
패시브하우스는 늘 견적 단계에서 팽팽한 긴장감이 흐른다.

어떻게 설명을 해야 이해가 빠를까.
패시브하우스는 화석 에너지인 난방유 비용을 한꺼번에 내고
사는 동안 열적인 쾌적성과 공기 쾌적성을 보장받을 수 있는
난방과 건강에 좋은 영향을 주는 집이다.
그러므로 초기 비용이 좀 무리가 되어도

● 패시브하우스의 성능에 유리한 박스형 외관에 1,2층 목재데크를 연결해 특징을 주었다.

● 일정한 간격으로 배치한 창문이 단정한 느낌을 주고 널찍한 발코니가 보인다. 집 오른편에 일군 텃밭은 전원주택에서 누릴 수 있는 즐거움 중의 하나다.

● 1.5리터 패시브하우스에 태양광 패널을 설치했다. 에너지 자급 효과가 크므로 생활에 도움이 된다.

● 집 입구에 발코니와 같은 목재로 대문을 설치해
통일감을 주었다.

● 집 왼편에 창고를 연결하고 지붕을 넉넉히 빼서
외부 활동에 필요한 갖가지 물건들을 정리해 두었다.

장기적으로 볼 때 처음 지급한 비용은 일정 시간이 흐른 후 회수되며
그 시점부터는 경제적으로 플러스로 전환된다.

이미 패시브하우스에 관심을 갖고 온 건축주에게
나는 위에 적은 이점에 지리적인 이점을 보태 설명했다.
건축주가 매입한 토지는 경남 함양으로
우리나라 남부권역에 속해 중부권보다 열관류율에 여유가 있는 지역이다.
중부권에서의 3리터 사양은
남부권으로 오면서 2리터 안쪽의 시공이 가능하다는 뜻이다.
공학도인 건축주는 내 설명을 쉽게 이해했고
이내 고민을 떨치고 3리터 사양의 패시브하우스 시공을 결정했다.

● 시공사 자체 설계로 완공한
1.5리터 패시브하우스로 그 의미가 크다.

우리 회사는 그 시점 이미 여러 채의 패시브하우스를 지으면서
이젠 자체적으로 패시브하우스 설계가 가능한 정도로 성장해 있었고
함양은 우리 회사 최초로 패시브하우스 설계와 시공을 함께 하는
의미있는 현장이었다.

나는 건축주와 3리터 패시브하우스를 약속했지만
속으로는 3리터 안쪽의 기록을 내리라는 욕심을 품고 있었다.
미국 캐나다식 목구조에 패시브 공법을 적용해 지었던 시공력과
유럽식 패시브 공법으로 지었던 지족동의 경험을 토대로
최대한 이점만을 살려 새로운 패시브하우스를 지어보리라 마음먹었다.
설계는 지족동과 거의 같은 박스형으로
바닥 대비 체적 비를 1:1로 맞추고
벽체는 2×6구조,

● 안쪽 주방과 연결된 식당의 한쪽 벽면에 넉넉한 수납 가구를 놓아 깔끔한 정리가 가능하다.

창호는 0.8와트 성능에
40센티 두께의 이중 지붕을 적용하기로 했다.

다만 박공지붕에 박스형의 밋밋함을 보완해 주 현관을 돌출시키고
기밀성능과 열관류율 값을 위해 시스템 도어를 중문에 도입했다.
2층에 위치한 아이들 방엔 계단으로 연결한 복층을 만들어
다락 분위기를 내주기로 했다.
박공지붕 선을 그대로 살린 공간이라 춥거나 더우면 어떡하나 우려도 있었지만
지붕의 우수한 단열수준을 믿기로 했다.

그리고 엄격한 유럽식 패시브하우스로 시공했던 지족동의 시공법에서
과 설계되었다고 생각한 부분을 줄이니
공사비를 절약할 수 있다는 계산이 나왔다.
열심히 설계 도면을 만들어 한국패시브협회에 보내니
그대로 공사하면 1.5리터 패시브하우스가 가능하다는 통보가 왔다.

하지만 내가 건축주에게 제시한 견적은
겨우 3리터 주택의 시공비를 상회하는 수준.
통보를 받은 나는 다시 건축주를 설득했다.
조금만 더 비용을 추가해 월등한 사양으로 업그레이드시키자고.
약간의 망설임은 있었지만 건축주는 내 의욕에 동의해 주었다.

지족동 1.3리터에 이어 1.5리터 패시브하우스라!
나는 무척 고무되었다.
자체 설계와 시공으로
처음부터 끝까지 우리 회사의 노하우로 인정받을 기회였다.

● 거실과 자녀 방으로 구성된 2층.　　　● 복층으로 설계한 자녀 방.

패시브하우스에 초집중하고 있는 나와 마찬가지로
이미 꾸려진 목수 직영팀의 의욕은 자존심으로 이어졌다.
당시 여러 현장이 꾸려져 직영 팀만으로는 작업자가 부족한 상황이라
유능한 외주 팀도 타 현장에서 공사 중이었는데 이들 간에 무언의 경쟁이 붙었다.
여러 현장에서 혹독한 훈련을 쌓은 직영 팀은
기밀의 중요성을 인지해 작업과정에 틈이 새지 않도록 꼼꼼하게 시공했다.
중간 평가에서 외주팀에 밀리기 싫어 세심하게 신경을 쓰다 보니
공사 기간이 늘고 이는 또 인건비 상승으로 이어졌다.
솔직히 회사 입장에는 마이너스였는데
결과물이 좋다 보니 타 시공사가 패시브하우스를 지을 때
한국패시브협회에서 이런 권유를 할 정도였다고 한다.

"기밀은 풍산에서 배우라."

철근콘크리트 패시브하우스와
목조 패시브하우스의 기밀 난이도는 크게 차이가 난다.
철근 콘크리트 패시브하우스는 창호 부분 외에는 크게 신경 쓸 부분이 없으나
목조 패시브하우스의 경우 모든 자재의 틈을 메워야 하는 부담이
이만저만이 아니다.

암튼 거듭되는 현장으로 나도 작업자들도 많이 성장해
패시브하우스를 짓는다는 견고한 자부심이 있었다.
나는 거기에 우리나라 실정에 맞는 시공법에 대해 고민을 더 해
좀 더 실용적인 집을 짓고 싶었다.

그래서 이 집의 경우 안주인이 원하는 다용도실과
바깥주인이 원하는 창고를 집의 외벽에 붙였다.
다용도실과 창고 모두 패시브 시공법으로 할 필요를 못 느꼈기 때문이다.
식품이나 농기구를 보관하는 용도의 공간은
실내온도와 차이를 두는 것이 더 효율적이다.
그런 점에서 패시브하우스로 시공한다고 하더라도 공간의 특성을
고려할 필요가 있었다.

공사 중에 건축주로부터 태양광 설치 계획을 들은 나는
마운트라는 블라켓을 독일에서 수입해 기와지붕에 미리 설치해 두었었다.
지붕을 기와로 마감했기 때문에
자칫 잘못하면 방수에 문제가 생길 수 있어 미리 신경 쓴 부분이었다.

● 자녀 방 다락 아래 수납공간을 만들고 다락으로 오르는 목재계단에도 수납공간을 구성하여 공간 활용도를 높였다.

● 다른 방은 접이식사다리로 아래 공간의 효율성을 높이고, 붙박이식 원목장을 설치해 수납이 편리하도록 했다.

완공된 집은 계획대로 1.5리터로 인증받았다.

패시브하우스에 태양광(재생 에너지) 설치로
평균 7~8만원 나왔던 전기요금이 단돈 몇 천원으로 줄었다며 기뻐하는 건축주.
특히 아이들 방의 설계가 특별한 공간감을 선사해
아이들이 무척이나 행복해하고
지붕 아래 공간임에도 온도 편차가 없다는 만족감에
흡족한 표정으로 이런 말 한마디를 보태 주었다.

"보일러가 너무 안 돌아가 발이 시려요."

건축정보

용도	단독주택 (3.8리터)
건축물주소	경기도 가평군 청평면
건축물이름	듀크하우스
설계사	(주)풍산우드홈 (정회원사)
시공사	(주)풍산우드홈 (정회원사)
연면적	125㎡
규모	지상 1층
구조방식	경량목구조
외벽구성	T150 비드법보온판 1종3호+T9 ESB+T140 셀룰로오스 (2X6 Stud@400)+T9.5 석고보드 2겹
외벽 열관류율	0.140 W/㎡·K
지붕구성	T9 ESB+T420 제작서까래+T12.5 석고보드
지붕 열관류율	0.091 W/㎡·K
바닥구성	T50 시멘트몰탈+T50 비드법보온판 1종3호 +T200 철근콘크리트+T150 압출법보온판 1호
바닥 열관류율	0.147 W/㎡·K
창틀 제조사	앤썸 캐멀링
창틀 열관류율	1 W/㎡·K
유리구성	5PLA113+14Ar+5CL+14Ar+5PLA113
유리 열관류율	0.69 W/㎡·K
유리 g값	0.44
기밀성능(n50)	0.7 회/h
환기장치 제조사	셀파
환기장치효율(난방효율)	73.3 %
난방면적	102.6 ㎡
난방에너지요구량	38 kWh/㎡·a
난방부하	21 W/㎡
계산프로그램	PHPP7
인증번호	2014-P-001

출처 (사)한국패시브건축협회

배면도

좌측면도

정면도

우측면도

 설계포인트

노부모의 건강과 쾌적한 생활을 위하여 단층으로 지은 패시브하우스. 천장고를 높여 개방감을 높이고 박공지붕에 중목 서까래를 노출했다. 거실 전면창 외에 상부에 작은 창을 나란히 배열하여 인테리어 효과와 채광에 도움이 되도록 했다. 노부모님이 생활하기에 안전한 동선을 위해 집 앞 데크에 난간을 둘렀다. 기본적인 패시브하우스 5대 요소 외에 태양광 패널을 설치하여 에너지 절약에 도움이 되게 했다.

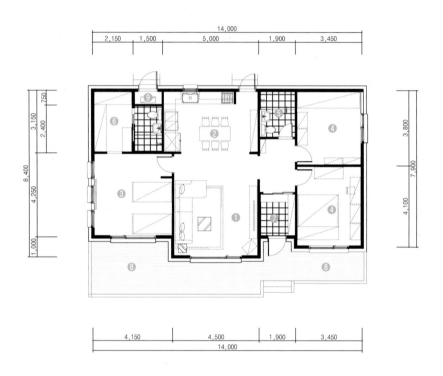

1층 평면도

❶ 거실 ❷ 주방 및 식당 ❸ 안방 ❹ 침실 ❺ 욕실 ❻ 드레스룸 ❼ 현관 ❽ 데크 ❾ 보일러실

사장님,
흠잡을 데가 없습니다 청평 3.8리터

이 집의 건축주는 펜션 운영자였다.
그냥 딱 보아도 남다른 열정의 소유자라는 느낌이 있는데
알고 보니 운영하는 펜션도 직영공사로 직접 참여해 지었다고 했다.
그리고 그 과정은 그에게 집에 대한 새로운 관점을 갖게 하지 않았나 싶다.

그의 펜션은 세련되고 근사했다.
게다가 주변의 아름다운 풍경과 훌륭한 입지 조건은
펜션 운영에 상당한 플러스 요인이 되고도 남음이 있었다.
하지만 건축주의 이야기를 들어보니
돌이킬 수 없는 고민이 있었다.

청평이라는 곳이 겨울 추위가 대단한 지역인데
끊이지 않는 손님에도 불구하고
그 수익의 대부분이 난방비로 지출된다는 것이었다.
겨울에 난방비가 많이 든다는 것은

 건축주 한마디

칠순 팔순에 가까운 부모님께서 환경에 가장 민감할 시기인 노년기를 패시브하우스에서 보내시게 되면서 노환이나 지병들이 급격히 사라지는 기묘한 현상을 지켜보고 있다. 패시브하우스에서 살면 말 그대로 건강해진다. 나는 우리 집을 짓기 전에 다른 사람의 집을 지어주기도 하고 나름 목조주택, 저에너지 주택에 대해 많이 알고 있다고 생각했었는데, 이론적인 스터디와 검증 그리고 실제 건축에 응용하는 방식은 풍산 직영팀만의 독특한 노하우이자 문화라고 생각한다.

여름엔 에어컨 가동으로 전기요금이 많이 나온다는 등식으로 이어진다.
근사한 외관에 비해 실내의 온도 환경이 따라주지 않는 고충이 상당했다.
호구지책으로 겨울이 되면 펜션의 창문에 뽁뽁이까지 붙여봤다 하니
그 심정이 충분히 이해됐다.

그렇게 지어진 펜션을 관리하면서
건축주는 부모님을 위해 집 지을 계획을 세웠다.
취약한 단열로 마음고생을 심하게 했던 그는
어떤 방법을 써서라도 따뜻한 집을 지어야 했다.
연로하신 부모님을 위해 짓는 집이니만큼
더 열심히 검색하고 공부한 끝에
그는 본인이 원하는 따뜻한 집이 패시브하우스라는 것을 알아냈다.

'패시브하우스'
처음 들어보는 이름이었지만 강하게 끌렸던 것 같다.
그리고 펜션을 지어본 경험이 있으니
어찌어찌 공부하며 지으면 되지 않을까 하는 생각도 했던 것 같았다.
하지만 알아볼수록 일반주택의 시공법과 크게 차이가 난다는 사실,
그리고 그 난이도가 호락호락하지 않다는 걸 이내 깨닫고
패시브하우스를 전문으로 짓는 시공사를 찾게 된 것이다.

집터는 그의 펜션과 가까운 곳에 있었고
계곡 위쪽으로 석축을 쌓아 흙을 메운 지 얼마 되지 않는 땅이었다.
그리고 동향.
땅 모양의 특성상 집을 남향으로 틀 수도 없고
건축주의 도면엔 남쪽에 창도 없었다.
집을 앉히기 가장 좋은 조건은 남향 또는 남동향인데

● 스타코로 벽을 마감하고 붉은 기와를 얹었다. 주변 경관과 잘 어울리며 따뜻하고 정겨운 느낌을 준다.

● 노부모님의 안전을 위해 데크
가장자리에 격자 난간을 설치했다.

● 집의 두 면 가장자리에 데크를 설치해 마당과 경계를 주고 생활에
편리하도록 했다. 한여름 외부차양장치로 햇빛을 차단한 모습이다.

● 창문마다 설치한 외부차양장치와 좌측 처마 환기구가 보인다.

● 각 창문은 모두 패시브하우스 필수 요소인 시스템창호를 설치하고 외부차양장치를 달았다.

동향일 경우 겨울철 일사취득량이 부족하고
여름철엔 해가 뜰 때부터 집 안으로 들어오는 햇빛을 차단해야 한다.

건축주에게 그러한 것들을 찬찬히 설명했으나
그는 도면을 바꿀 수가 없으니
바닥, 벽체, 지붕의 단열을 강화해서 지어 달라 요구했다.

그와 내가 약속한 내용은 5리터 인증 패시브하우스.
우리가 할 수 있는 모든 것을 적용해
한국 패시브건축협회에 에너지 해석을 의뢰하니
그대로 지으면 4리터대로 완공할 수 있다는 답이 왔다.

한국패시브협회에 의뢰하고 답을 받을 때마다
그 수치가 주는 안정감에 안심하고 집을 짓지만
내게는 어떤 강박 같은 것이 있는지
딱 그만큼 보다 훨씬 더 안정권이어야 마음이 놓인다.

지역적 기후와 집의 방향 그리고 도면의 내용
그 모든 것을 종합해 다시 생각한 끝에
나는 이 집을 5리터 급에 맞추기보다
좀 더 강화한 내용으로 지어야겠다고 마음 먹었다.

● 설계 및 허가난 도면으로 5리터 인증이 목표였으나
3.8리터의 월등한 성적을 냈다.

● 박공지붕의 경사를 그대로 살린 천정은 루버와 서까래를 노출해 인테리어 효과를 냈다.

● 단층 박공지붕의 천장고가 높아
  개방감이 큰 거실의 모습.

5리터 인증이 목표인 집의 단열재를

글라스울이 아닌 조습성능이 좋은 셀룰로우즈로 상향 결정하고

그때까지만 해도 패시브하우스 인증조건에 포함되지 않았던 외부차양장치를

동쪽 창에 적용하기로 했다.

그리고 최강 직영팀을 투입해 기밀작업에 초 집중시켰다.

우리 직영팀은 그간의 노하우로도 손색없이 작업을 잘하지만

내가 한 번 더 강조하면 두 번 말 듣기 싫어서라도 초장에 신경을 쓰는 눈치였다.

까탈스러운 사장 눈에 흠이 잡혀 뜯고 다시 하느니 그냥 한 번에 가자는 기류는

이미 오래전부터 누가 전해주지 않아도 내게 전달됐다.

그렇게 꼼꼼한 시공력으로 건축주가 원하던 집이 완공되었다.

그리고 시공결과는 3.8리터.

5리터 인증을 목표로 한 집이 3.8리터 인증의 결과물로 나타난 것이다.

패시브하우스 시공에 대해 아는 사람은

0.1리터 줄이는 것도 얼마나 어려운지 알고 있다.

0.1리터 차이로 인증의 급이 달라지는 냉정함을 알기에

나도 현장의 작업자들도 편집적일 만큼 독하게 임한 결과였다.

집을 지어본 사람의 매서운 눈.

어디를 어떻게 하는지

그렇게 하니 어떤 차이가 있는지

그 모든 것을 다 보고 있었던 사람.

건축주의 평가가 남았다.

"사장님, 흠잡을 데가 없습니다."

어리석은 걸까?

단지 그 말 한마디로
시공 내용을 강화해 줄어든 회사 이윤 이상의 기쁨이 가슴 가득 번졌다.

반전문가가 되어 있는 사람의 눈에 우리 현장은
척척 손발이 맞아 잘 돌아갔고
예전 펜션 현장과 큰 비교가 되었는지
건축주는 앞으로 본인이 우리 회사의 영업을 하겠노라 농을 하며
우리 직영팀의 기술력과 노하우를 매우 높이 쳐주었다.

건축주 부모님의 만족도도 아주 높아서
입주해 사시는 중간중간 만날 때마다
만면에 웃음을 띠고 엄지척 선물을 주셨다.

건축주와 건축주 부모님의 성격은 모두 열정적이어서
모 방송 프로그램의 취재에도 흔쾌히 응하고
패시브하우스의 장점을 빠짐없이 전하고 싶어
많이 신경쓰고 애쓰는 모습이 화면 가득 역력했다.

방송 촬영 당시는 매우 습한 장마철인 걸로 기억하는데
시청자들이 직접 좋은 느낌을 못 받는 것을 의식한 건축주는
습도계를 동원해 실내와 밖의 차이를 수치로 확인할 수 있게 하였다.
당시 화면에 잡힌 실내의 습도는 66%였고
창문을 열자마자 확 바뀐 밖의 습도는 93%였다.
장마철 패시브하우스의 쾌적성이 한눈에 증명되는 순간에 흐뭇하기도 했지만
기꺼이 그것도 매우 적극적으로 좋은 영향력이 되어 준 건축주가 정말 고마웠다.

나의 노력이야 업으로 삼았으니 당연하지만

그런 나와 인연이 된 사람이
칭찬에 인색하지 않고 좋은 기류로 하나가 되는 기분은
무어라 한마디로 표현하기가 어렵다.

그리고 그건 내가 이 일을 계속해야 할 이유가 된다.
뜨. 겁. 게.

● 거실 맞은편에 ㄱ자 주방을 설치하고 조리대 겸 식탁을 홈바 스타일로
배치한 파란색 아일랜드테이블에 3색 의자로 포인트를 주었다.

● 다락을 만들고 접이식사다리를 채택했다.
이는 계단이 차지하는 공간과 면적을 줄여
아래 공간 활용도를 높이기 위함이다.

건축정보

용도	단독주택		창틀 제조사	엔썸
건축물주소	전주시 중인동		창틀 열관류율	1 W/㎡·K
건축물이름	e블레시움 전주		유리구성	5PLA FN+12Ar +5CL+12Ar +5PLA FN
설계사	(주)풍산우드홈 (정회원사)		유리 열관류율	0.73 W/㎡·K
시공사	(주)풍산우드홈 (정회원사)		유리 g값	0.42
대지면적	535.00㎡		환기장치 제조사	셀파
건축면적	104.10㎡		환기장치효율 (난방효율)	73.3%
건폐율	19.46%		난방면적	130.8㎡
연면적	141.10㎡		난방에너지요구량	20 kWh/㎡·a
용적률	20.07%		난방부하	13 W/㎡
규모	지상 2층		1차에너지소요량	127 kWh/㎡·a
구조방식	경량목구조		계산프로그램	PHPP8.5
주요외장재	외단열미장마감		인증번호	2014-P-006
외벽구성	THK200 비드법보온판 1종3호+THK11 ESB +THK140 셀룰로우스 (2X6 스터드 @400) +THK9.5 석고보드 2겹			
외벽 열관류율	0.119 W/㎡·K			
지붕구성	THK11 ESB+THK285 셀룰로우스(2X12 스터드@600)			
지붕 열관류율	0.147 W/㎡·K			
바닥구성	THK150 압출법보온판 특호+THK300 철근콘크리트 +THK50 비드법보온판 1종3호			
바닥 열관류율	0.142 W/㎡·K			

출처 (사)한국패시브건축협회

배면도

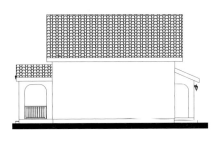

좌측면도

정면도

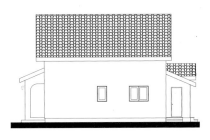

우측면도

 설계포인트

부지 좌측에 조그마한 계곡을 바라보는 남향이 주 전망이 되도록 큰 창을 내어 일
사취득량을 높였다. 외기에 면하는 면적을 최소화한 박공지붕 형태의 디자인에 2
층을 두어 공사비를 최대한 낮추도록 한 설계이며, 평면구성 중 아래층에는 안방
을 2층에는 자녀 방을 배치해 층별로 생활공간을 구분했다.

2층 평면도

1층 평면도

① 거실 ② 주방 및 식당 ③ 안방 ④ 침실 ⑤ 욕실 ⑥ 드레스룸 ⑦ 복도
⑧ 서재 ⑨ 현관 ⑩ 다용도실 ⑪ 창고 ⑫ 데크 ⑬ 보일러실

이 건축주는 전주에서 우리 회사를 방문했다.
당시 전라도엔 패시브하우스 시공사가 없었고
당연히 패시브하우스의 존재에 대해서도 모를 수 있는 지역인데
그곳에서 패시브하우스를 짓겠다고 상경한 것이다.

이미 대지 매입이 끝나고 설계까지 마친 상태였지만
건축주가 패시브하우스에 대해 관심을 갖게 된 후
마음을 바꿨던 것 같다.

건축주는 현실적이었으며 실용성을 추구하는 사람이었다.

"집을 유지관리 하는 데 있어 비용이 많이 안 들어야 하며
공사비 절감을 위해서 외형은 박스형으로 하겠다."

그가 전하는 생각에서
패시브하우스에 대한 개념이나 인식에 추가적인 설명은 필요 없을 듯했다.

건축주 한마디

실내공기가 일정하게 온화하여 거주가 쾌적하다. 주변에 잘 지었다고 하는 집도 겨울에 춥다고 뽁뽁이를 붙이거나 담요를 뒤집어쓰고 사는데 창문 옆이나 문 옆에도 차가운 기운이 없다. 아파트에서도 사이드 세대의 화장실은 겨울철에 찬기가 있어 샤워하기 어려운데 단독주택의 화장실임에도 겨울철 샤워를 거리낌 없이 할 수 있다. 그리고 직영팀어 처음부터 끝까지 일관성 있게 시공하고 관리해 주는 점이 좋았다.

건축주의 직업은 토지, 건물 등의 가치를 평가하는 감정평가사.
그래서 그런가, 그간 여러 건축주의 부지를 보고 집을 지어와
나름 보는 눈이 있다고 자부하는 나보다
확실히 더 예리하고 전문적인 사람이라는 것을 차후 알게 되었다.

건축주가 산 땅은 전주 모악산 가는 길모퉁이에 있었다.
경사지를 구입해 석축을 쌓고 면적의 손실을 최소화한 부지였다.
하지만 내 눈에는 그 땅이 그렇게 매력적이진 않았는데
완공 후 내가 미처 보지 못한 가치로 평가 금액이 상승한 사실을 듣고
역시 전문가의 눈은 다르구나 생각했다.

땅을 볼 줄 아는 눈을 가진 건축주가
자신의 집을 어떻게 지어야 가치가 있을까를 왜 고민하지 않았겠는가
전문적인 눈으로 여러 건물을 접했던 그는
건축물의 장단점에 대해 비교 분석했고
앞으로 자신의 가족이 살 집에 대해서
바람직한 결정을 내리고자 신중히 고민했던 것이다.

그런 끝에 내린 결론이 바로 패시브하우스.
패시브하우스로 짓자고 결정하고 나니 시공사 선정이 남았다.
위에서도 언급했듯이 전라도 지역엔 패시브하우스 시공사가 없었다.
당시 우리 회사는 패시브하우스 시공에만 집중하다 보니
여타의 시공사에 비해 실적 차이가 커
검색어 순위에서 우위를 선점하고 있었다.

누구라도 시공사를 선정할 땐 고민이 많다.
이 바닥의 고질적 병폐가 뿌리 깊은 탓이다.

● 경사면 토지에 석축을 쌓아 면적의 손실을 최소화하여 건축했으며,
실용적이고 합리적인 관리에 목적을 둔 건축주의 의견을 반영해 패시브 본연의 기능에 충실하여 지은 집이다.

● 1층과 2층 사이에 넉넉한 차양 처마를 설치했다.
전면에 위치한 거실과 안방, 그 위로 2층 방의 창문들이 균형 있게 자리 잡은 모습이다.

● 도로 아래 경사지를 내려오면 집의 후면부에 현관이 보인다. 현관 입구와 나란한 벽면은 주방과 연결된 다용도실이다.

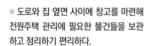
● 도로와 집 옆면 사이에 창고를 마련해 전원주택 관리에 필요한 물건들을 보관하고 정리하기 편리하다.

계약 단계부터 땅을 파고 자재를 올리고 완공될 때까지
건축주는 과연 내 집이 정상적으로 잘 지어지고 있는지
불안한 시간을 보내는 게 대부분이다.

집을 짓다 말고 돈만 챙겨 업자가 사라지거나
공사 중간중간 자꾸 비용을 요구해 송사로 번지는 상황 등
무언가 위험을 떠안아야 할 것 같은 부정적 사례가 너무도 많은 까닭이다.

하물며 패시브하우스는 일반주택보다 시공단가가 높다.
집의 가치 이전에 조금 더 부담을 안고 시작해야 한다.

그러한 건축주의 불안감과 부담을 덜어주기 위해
그리고 내 자존심을 보여주기 위해
나는 상담할 때부터 건축주에게 약속한다.

'약속한 인증이 나오지 않으면 잔금을 받지 않겠노라!'고.

건축주는 공사가 시작되는 순간부터 모든 과정을 눈여겨보았다.
당시 전주에는 혁신 도시가 생기면서 새집 짓는 공사 현장이 많았다.
오가며 자신의 집은 물론 비슷한 시기에 시작한 다른 현장을 본 건축주는

● 현관 입구 포치의 모습. 바닥 마감을 붉은 벽돌로
하여 기와의 색과 통일감이 있다.

● 데크 소재를 벽돌로 선택했다. 목재데크에 비해
유지보수가 편리한 장점이 있다.

거기에서도 차이를 느끼며 안도했다.
뚝딱뚝딱 쉽게 올라가는 현장에 비해
공정 하나하나 꼼꼼하게 진행되는 우리 현장을 보며
더딘 진행을 의심하는 게 아니라 신뢰감을 느꼈던 것이다.

그렇다.
허투루 올릴 수 없는 게 패시브하우스다.
바늘구멍에서 황소바람 들어온단 소리가 괜히 있겠는가.
바늘구멍 하나를 놓치면 공든 탑 무너지듯 기밀성능은 떨어지고 결로가 따라온다.
숙련된 직영 목수팀은 이제 말하지 않아도 자존심을 걸고 일을 했다.
그 모든 것을 기반으로 나는 집 짓는 기술자적 양심을 앞에 내세울 수 있었고
건축주는 그런 나를 믿어주었다.

공사는 순조롭게 진행되어
160평 대지 위에 43평 패시브하우스가 견고히 완공되었다.
계약 시 약속했던 3리터가 아닌 2리터의 결과로 말이다.
전라도 지역이 남부라 이점이 작용하긴 했지만
나는 그걸 염두에 두고 잇속을 챙기지 않았다.
애초에 강원도 지역의 사양을 적용해 지은 것이다.

건축주는 추후 집에서 느낀 쾌적성에 대해 매우 만족감을 전했다.
결혼 후 25년 동안 아파트에 살면서 부인이 비염을 심하게 앓았는데
새집으로 이사한 지 두 달 만에 사라졌다는 것이다.

건축주는 그 기쁨에 보답하고 싶었는지
전주에 있는 사람이 집을 짓겠다 거든 모두 자신의 집으로 보내라며
자신의 전화번호를 공개해도 좋다고 했다.

● 화이트 톤의 거실 모습. 독일식 시스템창호 양쪽에 도어를 채택해 편리성에도 중점을 두었다.

● 원목으로 맞춘 주방가구와 타일 색채에서 자연스러운 컨트리풍의 느낌이 전해진다.

● 계단실과 주방 입구 사이에 대각선으로 화장실을 배치했다.

● 2층에 있는 방. 박공지붕의 경사면 아래 수납공간을 두었다.

사실 자신의 집을 개방한다는 것 하나만도 쉽지 않은 일인데
방문객에게 패시브하우스의 설계부터 시공까지 모두 설명해 주겠다는 열의에
나는 가슴 찡한 감동과 보람을 느꼈다.

사실 완공 후 크고 작은 하자에 대해서는 민감하게 호출하기 때문에
무소식이 희소식인 것이 이 업계의 특성이라면 특성이다.
그리고 묻지 않는 이상 집에 대한 칭찬은 인색한 편이다.
하지만 패시브하우스를 지으면서
건축주의 집에 대한 자부심이 높아지고
그에 대한 좋은 평가를 제법 듣게 되었다.
그렇다 해도 이 건축주처럼
온 얼굴에 만족감을 드러내며 먼저 감사를 전하고
홍보대사까지 자처하는 예는 흔치 않다.

집을 다 지었지만
건축주의 우리 회사에 대한 신뢰는 그치지 않았다.
이메일 설문을 통해 좋은 집을 지어 준 작업자들의 건강을 걱정하고
내 집을 지은 회사에 대해 각별한 애정을 표했다.

집 짓는 일을 하면서 수많은 사람을 만나게 되는데
그런 중에 각별한 인격자를 만나는 것도 내겐 행운이다.
내 머릿속엔 이 건축주가 참 특별하게 남았는데
감정평가사인 그가 감정한 내 양심은 몇 점짜리일까 문득 궁금해진다.

속리산 탐방센터 화북분소 2.6리터

건축정보

용도	근린생활시설(2.6리터)
건축물주소	경상북도 상주시 화북면
건축물이름	속리산국립공원 화북분소
설계사	예린건축사사무소 (정회원사)
시공사	(주)씨와이토건 (정회원사) / (주)풍산우드홈 (정회원사)
대지면적	1,785㎡
건축면적	200.4㎡
연면적	256㎡
규모	지상 2층
구조방식	철근콘크리트조
외벽구성	THK250 비드법1종3호+THK200 철근콘크리트
외벽 열관류율	0.154 W/㎡·K
지붕구성	THK300 압출법보온판 특호+THK150 철근콘크리트
지붕 열관류율	0.088 W/㎡·K
바닥구성	THK300 압출법보온판 특호+THK200 철근콘크리트
바닥 열관류율	0.089 W/㎡·K
창틀 제조사	VEKA
창틀 열관류율	1 W/㎡·K
유리구성	4Loe1+12Ar+4CL+8Ar+4CL+12Ar+4Loe1
유리 열관류율	0.5 W/㎡·K
유리 g값	0.49
기밀성능(n50)	0.26 회/h
환기장치 제조사	셀파
환기장치효율(난방효율)	73%
난방면적	178.1㎡
난방에너지요구량	25.8 kWh/㎡·a
난방부하	18.7 W/㎡
계산프로그램	PHPP8.5
태양광발전 용량	5 kWp
인증번호	2014-P-010

출처 (사)한국패시브건축협회

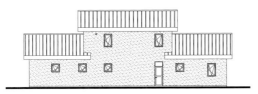

배면도

좌측면도

정면도

우측면도

 설계포인트

자연을 관리하는 국립공원사무소 특성을 반영하여 화석연료의 사용을 최대한 억제하고자 패시브 공법을 도입하여 보다 나은 탐방서비스와 공원관리 활동을 원활히 수행할 수 있도록 시공하였다. 기존 건축물의 난방 에너지 사용량의 90% 이상 절감은 물론, 태양광 발전시설을 활용하여 기존 전력사용량을 20% 미만으로 줄임으로써 에너지 사용을 최소화했다. 특히 3중유리가 아닌 실내 및 외측 유리에 로이코팅을 한 4중 유리 창호를 설치하였다.

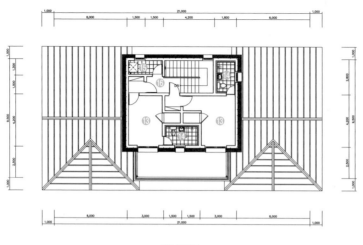

2층 평면도

1층 평면도

❶ 식당 및 휴게실 ❷ 화장실(여) ❸ 화장실(남) ❹ 탈의실 ❺ 샤워실 ❻ 계단 및 보일러실 ❼ 숙직실
❽ 다목적실 ❾ 사무실 ❿ 홀 및 복도 ⓫ 방풍실 ⓬ 데크 ⓭ 숙소 ⓮ 욕실 ⓯ 세탁실 ⓰ 복도

속리산 탐방센터 화북분소는
입찰로 시공업체를 선정하는 공사였기 때문에
애초에 우리 회사는 자격이 없었다.

입찰 자격이 되려면 종합건설 규모로
조달청에 입찰업체로 등록되어 있어야 한다.
종합건설로 등록하려면 조건이 있다.
자본금 5억 이상에 회사 규모는 30평 이상,
자격증을 가진 기술자가 5명 이상이어야 한다.
그리고 1년 동안 관련 협회에 수주된 실적을 보고해야 하며
위에 열거한 모든 사항에 변동이 없어야 한다.

우리 회사는 당시 자격증을 가진 기술자가 3명이었고
큰 공사 수주 경험이 있어야 하는데
그런 규모의 공사는 하지 못했다.

그런데 입찰로 선정된 그 지역의 시공업체가
기초공사만 조금 하다 중단하고 말았다.
그 업체는 패시브라고 명시가 되어 있는 공사였음에도
아무런 경험 없이 입찰에 참여하여 낙찰받았던 것이다.
하지만 상세 도면상 자신들이 할 수 없는 공사임을 인지하고 발을 뺀 것이다.
그렇게 공사 타절이 되면 입찰 2순위 3순위 업체를 타진하게 되는데

● 우측에서 본 외부전경. 철근콘크리트 슬래브지붕 위에 단열재를 선형열교 없이 설치한 후 징크로 마감했다.

그 공사를 맡겠다는 업체가 없었다.

그런 순서로 공사는 수의계약으로 넘어가게 됐고

국립공원 측은 한국패시브건축협회에서

패시브하우스를 가장 많이 지은 업체를 뒤지게 된 것이다.

국립공원 관리공단 공사감독은 우리 회사가

그 현장을 맡아 줄 수 있는지 물었다.

나는 도면과 현장 위치를 확인하고

타절된 공사의 남은 금액이 얼마인지를 확인했다.

역시나 남은 금액으로는 쉽지 않은 공사.

직원들은 두 팔 걷어붙이고 반대했다.

국립공원 관리공단 공사감독은 "일주일 동안 고민 좀 해주세요." 하고 돌아갔다.

일주일 동안 고민?

하지만 이미 내 결정은 기울어져 있었다.

이런 기회가 아니면 언제 이런 공사를 해 보겠는가.

또 발동이 걸린 것이다.

다만 타절된 공사의 남은 금액을 어떻게 운용해 시공하느냐가 남은 문제였다.

그 금액으로는 회사에 이문이 남지 않는다.

우리 회사가 자선 업체도 아닌데 실비 봉사에 가깝도록 빠듯한 금액.

공사를 포기할 것이냐, 아니면 공사 이익을 포기하고

관급공사 시공 이력 하나를 건질 것이냐.

회사를 이끄는 대표로서 무거운 고민의 저울은 흔들거렸지만

마음속 추는 이미 하는 쪽으로 기울어지고

머릿속으로는 도면과 완공 현장을 번갈아 가며 들락거리고 있었다.

나는 공사를 포기한 업체가 해놓은 기초공사 내용을 확인하고

남은 금액에 맞춰 매우 어렵게 견적을 냈다.

그런데 이게 웬일!

되돌아오는 회신이라는 게 참 기가 막혔다.

이 공사가 작은 업체에 맡길 규모가 아니라는 것이다.

그래도 공단 측은 패시브로 계획된 공사를 변경할 수 없었으므로

종합건설 면허가 있는 업체와 같이 들어오라는 조건을 붙이고

일만 우리 회사에서 하라는 내용이었다.

우리가 오더를 결정짓고 우리가 하청 받는 꼴의 모양새가 된 것이다.

업계 부동의 1위 패시브하우스 전문 시공사로 자리매김하고 있다는
자부심 하나로 살아온 내가 이런 일을 당할 줄이야.
그 현장에서 내 자부심 따윈 먼지의 무게도 아닌 것 같았다.
입맛은 쓰고 부아가 치밀었지만
지어 보여주리라는 오기도 동시에 발동했다.

관급공사는 국립공원 관리공단에서 파견 나온 건축학박사가 공사감독을 한다.
그리고 모든 작업이 페이퍼 워킹으로 진행되므로 매우 엄격했다.
공정진행의 모든 상황을 사진과 서류로 제출해야 돈을 받을 수 있었다.
엑셀로 공정률까지 계산된 서류를 만들어야 했는데
그런 작업은 우리에게 익숙하지 않아 애로사항이 많았다.
공사 초기에는 우리의 사정을 듣고 합리성을 봐주겠노라 하더니
실제로는 어림없었다.

원칙대로.
모든 것이 원칙대로였다.

어쨌든, 시공내용은 우리 회사의 자존심과 연결되므로
머리를 비우고 공사에 열중했다.

우리 회사는
목구조이거나 목조와 철근콘크리트 하이브리드 건축을 해왔는데
이 공사는 철근콘크리트로 완성해야 했다.
1층은 사무소, 2층은 직원 숙소의 구조로 70평 규모.
3리터 완공이 조건이었는데 2.6리터 결과를 냈다.

어떤 도면을 봐도 계산이 나올 만큼 수많은 결과치가 내겐 훈장이다.

● 철근콘크리트 외벽체에 외단열 후 국립공원 관리사무소의 특징에 맞게 외장재를 나무로 마감하였다.

● 전체적인 설계 컨셉은 가운데 중앙통로와 좌측에는 사무동, 우측에는 식당, 2층에는 숙소로 구성되었다.

● 2층 숙소에서 속리산을 조망할 수 있도록 외부 베란다를 확보했다.

● 사무소 가운데 메인 현관문으로 기밀성능을
강화하기 위하여 통상적으로 쓰는 강화유리로
되어 있는 스윙도어 대신 패시브 전용 도어를
설치하였다.

● 사무실은 남쪽과 서쪽에 배치하여 채광을 확보하여
밝은 실내를 유지할 수 있다.

● 2층에 있는 숙소는 남향으로 배치하여 일사량 취득이
충분하고 시스템도어를 열면 베란다와 연결된다.

누군가 금장으로 꾸며 내 가슴에 달아주지 않아도
나는 그동안 내 가슴에 스스로 훈장을 달아 왔다.
스스로를 격려하고 위로하며
잘할 줄 아는 것으로 세상에 기여하는 사람이 되자고
한 건 한 건 현장에 엄격하고 나 자신에게 엄격했다.

이익만을 추구했다면 절대 손대지 않았을 공사.
누가 알아주지 않아도 우리 회사의 기술력으로
산 아래 견고히 자리 잡은 속리산 탐방센터 화북분소.

계약서 종이 쪼가리에 먹물이 뭐라고 찍히든
그건 우리 회사가 심혈을 기울여 최선을 다한 우리의 결과물이다.

● 관급공사의 애로가 녹아있는 성적이다.

11 | 따뜻하고 아름답게

용인 2.1리터

건축정보

용도	단독주택(2.1리터)
건축물주소	경기도 용인시 처인구 원삼면
건축물이름	e블레시움 용인
설계사	(주)풍산우드홈 (정회원사)
시공사	(주)풍산우드홈 (정회원사)
대지면적	596.00㎡
건축면적	118.22㎡
연면적	165.33㎡
규모	지상 2층
구조방식	경량목구조
난방설비	보일러
주요외장재	외단열미장마감
외벽구성	T200 비드법보온판 1종3호+T9 ESB+T140 셀룰로우즈(2x6 Stud)+T19 석고보드
외벽 열관류율	0.120 W/㎡·K
지붕구성	T9 ESB+T440 32K 글라스울(제작 스터드)
지붕 열관류율	0.087 W/㎡·K
바닥구성	T100 버림콘크리트+T100 압출법보온판 특호+T300 철근콘크리트+T150 비드법보온판 1종1호+T50무근콘크리트
바닥 열관류율	0.122 W/㎡·K
창틀 제조사	VEKA
창틀 열관류율	1 W/㎡·K
유리구성	4Loe1+12Ar+4CL+8Ar+4CL+12Ar+4Loe1
유리 열관류율	0.5 W/㎡·K
유리 g값	0.49
기밀성능(n50)	0.87회/h
환기장치 제조사	(주)셀파
환기장치효율(난방효율)	71%
난방면적	146㎡
난방에너지요구량	21 kWh/㎡·a
난방부하	19 W/㎡
1차에너지소요량	116 kWh/㎡·a
계산프로그램	PHPP8
인증번호	2015-P-007

출처 (사)한국패시브건축협회

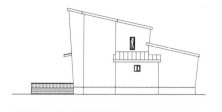

배면도

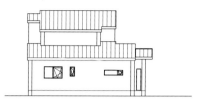

좌측면도

정면도

우측면도

 설계포인트

경사지붕과 박공지붕의 조화로 외관을 형성하고 셀룰로우즈 단열재와 유럽식 로이코팅 4중유리 PVC 시스템창호, 열회수환기시스템을 적용한 2.1리터 패시브하우스이다. 평면구성은 건축주의 요구에 따라 2층에 하나의 침실과 욕실, 드레스룸만 두어 독립적이고 아늑한 공간을 구성하고, 거실과 주방의 공용공간과 침실 사이에 반원형계단을 두어 공간을 구분함과 동시에 고급스러운 느낌을 살렸다.

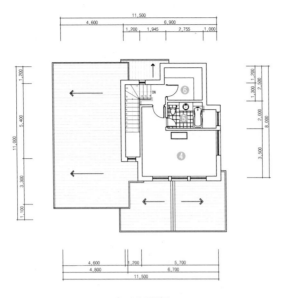

2층 평면도

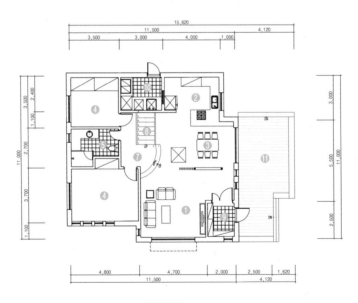

1층 평면도

❶ 거실 ❷ 주방 ❸ 식당 ❹ 침실 ❺ 욕실 ❻ 드레스룸
❼ 복도 ❽ 계단실 ❾ 현관 ❿ 다용도실 ⑪ 데크

따뜻하고 아름답게 용인 2.1리터

집은 건축주의 개성과 생각을 반영한다.
면적도 공간 구성도 색깔과 소재 그 모든 것이 다른 이유다.

하지만 패시브하우스는 에너지 효율을 강조한 나머지
단순한 외관으로 일관되게 지어왔다.
패시브하우스는 기밀과 단열에 중점을 두어 작업해야 하므로
집 벽을 구성하는 면(面)의 개수를 최소화하는 게 최대의 과제이다.

패시브하우스는 면(面)이 많을수록 작업 난이도가 높아지고
그에 따라 공사비도 가중된다.
면(面)의 개수가 만드는 각(角)의 모든 틈을 기밀 테이프로 막아야 하기 때문이다.
기밀 테이프가 조금이라도 들뜨거나 접히지 않도록 정밀하게 작업해야 하는데
정밀한 작업엔 그만큼의 시간이 필요하고
작업 시간은 곧 인건비로 연결된다.
단순한 설계로도 일반주택 시공과 달라 건축비에 부담을 느끼게 되는데
거기에 벽체나 지붕에 멋을 내려면 그에 따른 시간과 돈을 추가로 계산해야 한다.

그런데 초기 패시브하우스를 지을 때는
시간과 돈의 문제를 떠나 기술력이 따라오지 못했다.
단순한 설계의 집이라도 인증 기준만 통과하면
건축주도 시공사도 자부심에 벅차할 정도로
넘기 힘든 산 같은 것이 바로 패시브하우스였다.

● 1층과 2층의 면적을 달리하고 지붕의 경사도를 이용하여 디자인적 요소를 더한 패시브하우스다.

● 주택 정면은 크기가 다른 사각 구성이다.

● 높낮이가 다른 여러 면의 지붕 기울기를 일치시켜
안정감을 준 모습이다.

집을 짓겠다고 상담하러 오는 건축주들은 각계각층이었고

저마다 머릿속에 그린 자신의 집을 내게 내놓았다.

그들이 원하는 그림대로 패시브하우스를 지어줄 수 있으면 얼마나 좋을까.

건축주의 머릿속에 행복하게 자리 잡았던 아름다운 꿈의 집에

나는 대폭 칼질을 하고 깍두기 한 조각을 내놓아야 했다.

우리나라 패시브하우스 초기

건축주의 예산과 우리 기술력의 조합은 '깍두기'가 최선이었다.

하지만 그런 중에도 고집쟁이 건축주들이 있었다.

작업 난이도로 볼 때 대표적인 예로

남양주와 대전 하기동의 건축주를 들 수 있는데

남양주의 건축주는 본인이 설계한 그대로 짓고 인증도 꼭 받아야겠다 했고

대전 하기동의 건축주는 인증보다는 본인이 원하는 아름다운 집이 우선이라 했다.

● 낮은 울타리로 둘러쳐진 마당에 경사지붕과 박공지붕이 서로 조화를 이룬다.
다른 패시브하우스보다 디자인적인 요소가 더해진 외관을 선보인다.

● 3리터로 약속한 내용을 상회,
2.1리터의 월등한 성적으로 인증을 받았다.

남양주의 고집쟁이 건축주와 손을 잡은 이유는
당시 우리나라 최초의 목구조 패시브하우스인
퇴촌의 3리터 공사를 성공리에 마치고
두 번째 패시브하우스를 짓고 싶어 안달나 있을 때였기에
물불 안 가린 측면이 없지 않았다.

그리고 대전 하기동의 경우는
지금 언급하는 용인 2.1리터를
성공적으로 지은 후라
우리 작업자들의 수준이 디자인 난이도까지
극복할 수 있을 만큼 성장해 있었다.
그래서 남양주보다는 안정적으로 시작했고
결과도 매우 만족스러웠다.

닦아진 등산로로 안전하게 정상에 오르는
길도 있지만, 남이 가지 않는 길을 택해
암벽과 씨름하며 닿은 정상은
그 맛이 다를 것이다.

● 화이트 톤의 벽과 짙은 마루 색이
대비를 이룬 깔끔한 실내인테리어다.

● 화이트 톤의 주방과 스트라이프 테이블보로 포인트를 준 식탁.
식탁에서도 넓은 정원을 시원하게 바라볼 수 있도록 전면창을 내었다.

● 가구를 최소화하여 간결한 절제미를 보이는 거실.
거실 전면창으로 들어오는 정원의 아름다운 풍경은
심신에 위안을 주는 청량제이다.

● 거실 바닥과 단차를 두고 라운드형
계단으로 공간 구분을 함과 동시에
인테리어 효과도 더했다.

암벽 같은 건축주와 암벽 같은 시공 디테일.

그걸 넘고 넘다 보니 웬만한 것엔 끄떡 않을 만한 굳은살이 박혔고

나는 내게 그런 굳은살을 선물한 건축주들이 고맙다.

용인의 패시브하우스는 우리 회사 통산 17번째의 인증 결과물이다.

사실 이 건축주를 만날 무렵은

나도 심각하게 패시브하우스의 디자인 요소를 고민할 때였다.

시공 상담하러 오는 예비 건축주 중

패시브하우스의 장점에 솔깃 반했다가도

'깍두기' 모양에 실망하고 뒤돌아 가는 경우가 종종 있었기 때문이다.

건축주의 집은 부산이었는데

용인에 놀러 왔다가 저수지 근처의 땅이 마음에 들어 샀다.

그런데 그는 이미 두 번째 집을 지어 살고 있었으며

이번에 짓는 집이 세 번째라고 했다.

온 신경을 다해 애쓰고 지은 집이라도

살면서 슬쩍슬쩍 드러나는 아쉬움에

'집은 세 번 지어봐야 한다.'는 말들을 한다.

이 건축주의 세 번째 집이 우리 손에 달려 있었다.

첫 번째 두 번째에서 느낀 아쉬움을 모두 충족시켜야 할 과제를 떠안은 것이다.

이 댁의 안주인은 미적 감각과 조경 솜씨가 뛰어나

먼저 살던 두 채의 집을 아주 쉽게 팔았다고 했다.

그런 감각과 안목을 만족시키기 위한 설계이니만큼

디자인 요소를 가미할 이유가 있었고

이제는 아름다운 패시브하우스를 시도해 보고 싶은 욕구와 만난 것이다.

그런데 능수능란하게 깍두기를 만들어
내던 현장 작업자들이 좀 당황했다.
그들 관점에서는 기능적으로 아무짝에도
필요 없는 디자인이 생기고,
거기에 맞춰 일하려니 아무래도
손이 더 가고 신경도 더 써야 했다.

● 방 상부에 가로로 긴 창과 여러 개의 작은 창을
규칙적으로 배열했다. 따뜻한 색감의 벽과 잘
어울리는 아늑한 느낌의 안방이다.

현장 책임자가 그런 그들을 지도하고
때로는 다퉈가며 자리 잡는 모습을 보며
한 채 두 채 순간마다 넘었던 산들이 떠오르고
앞으로 다가올 산의 높이는 또 얼마큼일까.
불안함보다는 이상한 정복욕 같은 것이 꿈틀거렸다.

예정된 시간은 흘러 3리터 인증이 목표였던 용인의 패시브하우스는
2.1리터의 우수한 성적으로 아름답게 완공되었다.
따뜻한 남쪽에서 살던 건축주의 걱정을 충분히 잠재워 줄
난방비 많이 안 들어도 따뜻하고 쾌적한,
게다가 디자인까지 더해진 패시브하우스가 눈앞에 서 있었다.
그리고 매우 만족해하는 건축주 내외의 환한 웃음.
그 선물 같은 웃음을 에너지 삼아 계속 달리다 보면
언젠가 디즈니랜드의 신데렐라 캐슬 같은 집도
패시브로 지을 날도 오지 않을까.

패시브...
패시브...
내 머릿속은 단단히 기밀이 되었는지 도대체 패시브가 떠나질 않는다.

따뜻한 창고는 NO!
디자인에 도전한다

대전 하기동 2리터

건축정보

용도	단독주택(2.0리터)
건축물주소	대전시 유성구 하기동
건축물이름	e블레시움 두빛나래
설계사	(주)풍산우드홈 (정회원사)
시공사	(주)풍산우드홈 (정회원사)
대지면적	356.20㎡
건축면적	122.83㎡
연면적	217.46㎡
규모	지상 2층
구조방식	경량목구조
주요외장재	외단열미장마감
외벽구성	T200 비드법보온판 1종3호+T10 ESB+T140 셀룰로우즈(2X6 Stud)+T9.5 석고보드 2겹
외벽 열관류율	0.120 W/㎡·K
지붕구성	T11 OSB+T440 32K 글라스울(제작 Stud)+T9.5 석고보드 2겹
지붕 열관류율	0.087 W/㎡·K
바닥구성	T100 버림콘크리트+T100 압출법보온판 특호+T300 철근콘크리트 +T150 비드법보온판 1종1호+T50 무근콘크리트
바닥 열관류율	0.122 W/㎡·K
창틀 제조사	VEKA
창틀 열관류율	1.0 W/㎡·K
유리구성	4Loe1 + 12Ar + 4CL + 8Ar + 4CL + 12A
인증번호	2015-P-015

출처 (사)한국패시브건축협회

배면도

좌측면도

정면도

우측면도

 설계포인트

건축주의 요구를 반영하여 일반적인 박스형에서 벗어난 외형에 변화를 준 설계로, 두 개의 큰 볼륨에 버터플라이형 경사지붕을 적용하여 인상적인 외관을 보이는 패시브하우스다. 주도로가 면한 서측의 한 면을 탄화목재 사이딩으로 마감하여 중후한 느낌을 주면서도 흰색 외벽과 조화를 이루고, 처마가 돌출하지 않은 회색 컬러 강판 지붕으로 모던하게 연출했다.

2층 평면도

1층 평면도

❶ 거실 ❷ 주방 ❸ 식당 ❹ 다용도실 ❺ 복도 ❻ 게스트룸 ❼ 욕실 ❽ 미니풀
❾ 세탁실 ❿ 현관 ⓫ 데크 ⓬ 안방 ⓭ 화방 ⓮ 서재 ⓯ 아이방 ⓰ 공부방

따뜻한 창고는 NO!
디자인에 도전한다 대전 하기동 2리터

집을 짓고자 마음먹은 예비 건축주들에게
가까운 시공 현장은 커다란 관심의 대상이라는 것을
몇 차례에 걸쳐 확인할 수 있었다.
남의 집이지만 기초부터 골조, 마무리 과정에
본인이 꿈꾸는 집을 오버랩 하면서 바라보는 일.
이 집의 건축주 또한 우리 회사 통산 인증 3호 패시브하우스로 완성된
대전 지족동의 현장을 아주 유심히 보아왔던 사람이었다.

패시브하우스가 뭔지는 모르지만
어쩐지 현장 돌아가는 상황이 일반적이지 않다 보니
저 집이 그냥 집은 아니구나 하는 생각을 가졌던 것 같다.
하긴 그 일을 진행하는 나조차도
우리나라 최초의 유럽식 패시브하우스를 짓는다는 사실이 신기만 했다.

동네 뒷산을 오르는 것과
험난하고 높은 산을 오를 때의 준비가 같을 수는 없다.
경험하지 못한 것에 대비한 몸과 마음,
장비가 철저해야 안전하게 정상에 오를 수 있는 것처럼
우리나라 최초의 목조 패시브하우스를 지은 후
내 앞에 펼쳐진 현장은 또 다른 최초의 이름을 갖게 될 의미 있는 봉우리였다.

'최초의 유럽식 패시브하우스'

● 지금까지의 일반적인 패시브하우스와 달리 건축주 요구를 충분히 반영한 다각의 외형이 특징인 주택이다.

● 북쪽에서 본 모습으로 버터플라이를 형상화한 지붕선의 구성과 실내의 계단을 따라 배치한 창문이 특징적이다.

● 좌측에서 본 주택의 모습으로 크고 작은 두 개의 경사지붕과 전면에 수직 목재사이딩으로 포인트를 준 모습.

● 패시브하우스 인증현판으로
건축주가 지은 당호 두빛나래를 넣었다.

그러니 그곳에 쏟는 에너지가 보통일 리 만무했을 터,
뭘 모르는 사람이 지나다 보아도 평범하지 않은 현장이었음을
이번 건축주를 통해 다시 한번 확인할 수 있었다.

무슨 목조주택을 짓는데 6개월 동안이나 뚝딱거리고
일반 시공 현장에선 볼 수 없는 자재와 전에 보지 못한 수상한 시공법.
게다가 다 지은 집 대문엔 패시브하우스 인증현판이 떡 하니 걸려 있으니
뭔가 특별한 집으로 인식되었을 것이다.

이 건축주에 앞서 같은 동네에 지은 패시브하우스의 건축주도
지족동 현장을 보고 우리 회사를 찾아 집을 지었다.
지족동 현장과 멀지 않은 하기동 현장,
연이어 이 두 현장을 직접 눈으로 지켜 본 건축주는
그로써 기본적인 신뢰를 굳혔을 것이다.

건축주와 시공사 간의 신뢰는 매우 중요하다.
대개의 사람에게 집은 가장 큰 비중의 재산이 아닌가.
그리고 건축주의 재산을 가치 있게 완성해 줘야 할 책임을
무겁게 느껴야 할 시공사,

● 주방에 아일랜드 테이블을 배치하고 때에 따라 편리하도록 평상 느낌의 좌탁을 놓았다.

상호 신뢰를 바탕으로 한 집짓기 현장은 상황마다 협의가 쉽고 물 흐르듯
잘 굴러간다.

이 집의 건축주는 1차적으로 현장 작업자들과 그 현장의 건축주에게서
어느 회사에서 짓는지, 공사 중 속 썩는 일은 없었는지
이모저모 확인 끝에 우리 회사를 찾아왔다.

건축주는 패시브하우스를 짓고 싶은 이유에 대해 이렇게 이야기했다.
본인이 천식으로 고생하고 있는데
우리가 지은 인증 2호 남양주 패시브하우스의 기사를 읽고 관심을 갖게 됐다.
패시브하우스는 친환경 건축물이니 내 건강에 도움이 될 것 아닌가.

나는 3리터니 5리터니 같은 건 관심이 없다.
그저 내 기관지 질환에 도움이 되고 가족의 건강에 좋은 영향을 주면 된다.

패시브하우스의 좋은 영향에 대해
알고 찾아온 건축주가 핵심적으로 생각하는 건강 주택.
이미 여러 건의 인증을 받고 건축주들의 후기 수집을 통해,
그리고 화천의 힐링리버를 짓고 생활을 해 본 경험으로
나는 그전보다 더 자신감에 차 있었다.
나는 내 경험으로 터득한 내용을 건축주에게 전달했다.

"천식은 실내공기 질과 분명히 연관이 있습니다.
 실내공기 질은 공기순환장치만 돌려도 도움이 되지만
마감재를 천연물질로 하시길 권하고 싶습니다."

건축주는 내 의견에 흔쾌히 동의했다.
천연물질 마감은 공장에서 가공되지 않은 재료를 사용한다는 뜻이다.
모든 벽에 냄새를 흡착해 분해하고 탈취기능까지 있는 규조토를 바르고
천정과 포인트 벽은 편백,
마감은 먹어도 된다는 아우로 오일과 던 에드워드 오일을 사용하기로 했다.

● 1층 거실. 벽면에 자작나무 합판 소재의
선반을 디자인화하여 아트월 효과를 냈다.

● 현관에 세면대를 설치해 출입 시 편리하게 손을 씻을 수 있게 하였다.

그런데 문제가 생겼다.

건축주는 패시브하우스가 건강에 좋은 영향을 미치는 것에는 크게 만족하는데

왜 외관 디자인이 한결같이 박스형이냐고 의문을 제기했다.

패시브하우스는 설계가 복잡할수록 기밀성능을 맞추기가 어려우므로

최대한 단순하게 설계해서 시공해야 했다.

그러다 보니 좀 더 개성 있는 외관 디자인을 바라는 건축주들을 만날 때면

늘상 고민스러웠던 게 사실이다.

이번 건축주는 더 적극적으로 '내가 꿈꾸는 나만의 집' 디자인을 고집했다.

이쯤 되니 나도 아무리 복잡한 설계라 해도 한번 해보고 싶은 욕구가 솟구쳤다.

우선 3리터 인증을 목표로 설계하기로 약속했다.

그로부터 몇 달 후

나는 건축주와 그 아버지를 마주했다.

"큰돈 들여 집 짓는데 이 회사가 어떤 회사인 줄은 알고 있는 거냐?"

"괜찮아요, 아버지.

이 회사에서 집 짓는 현장을 다 봤고

거기 사는 사람들에게 다 물어봐서 더 확인할 거 없어요."

"아이고, 이놈아.

그게 아니다.

어린애 장난도 아니고

어떤 회사인지 확인도 안 한다는 게 말이 되느냐, 이 미친놈아!"

부자는 내 앞에서 한판 입씨름을 했다.

상황이 이렇다 보니 나 또한 당황스럽지만 말려야 했다.

"아버님, 어떻게 확인을 시켜드려야 안심하시겠습니까?"

내 물음에 건축주 아버님은 대뜸 사업자등록증과 주민등록증을 보여 달라 했다.

우리 회사의 경우 미팅 후 설계과정에 들어서면 그동안 신뢰가 생겨

단 한 번도 사업자등록증 같은 것을 보여 달라는 얘기를 들어본 적이 없었다.

또한 건축주는 견적을 조정하는 경우는 있어도

다른 회사에 견적 의뢰를 넣지도 않는다.

그런 신뢰가 내 자존심 같은 것이었는데

연로하신 분의 노파심은 그것보다 높아 어떻게든 진정시켜 드려야 했다.

나는 그분의 요구대로 사업자등록증과 주민등록증을 보여 드렸다.

그걸 본 건축주 아버님은 그것도 성에 차지 않았는지 사진을 찍어도 되느냐 물었다.

● 자녀를 위해 만든 실내 수영장으로
천정은 무절 히노끼로 마감하였다.

아들이 큰돈 들여 집을 짓는다고 하니 걱정이 이만저만이 아닌 듯싶었다.
그러시라 하니 사진을 찍으시곤 그제야 표정이 좀 편안해지신 것 같았다.

그로부터 6개월간 진행된 공사 현장.
건축주의 요구대로 마음껏 디자인한 설계도를 앞에 두고
현장 작업자들의 도전이 시작되었다.
외관은 물론이요, 실내 디자인도 일반성을 벗어나
실내 풀장에 방마다 다락을 배치한 현장에서
나는 작업자들에게 강조했다.

"이 집은 3리터 인증이 목표다.
하지만 1.5리터 스펙으로 작업하라."

기존의 패시브하우스에 비해 난이도가 높은 디자인이라
바닥, 벽체, 지붕의 기밀성에 더욱 집중하도록 독려했다.
사실 0.1리터 차이로 3리터냐, 3리터가 넘어가느냐
안타까운 갈림길에 서는 확률도 있기에
넉넉히 여유를 두고 1.5리터 스펙으로 맞추어야 마음을 놓을 수 있었다.
내 마음을 읽은 현장 작업자들은 다른 데 신경 쓸 거 없다.
3리터 이하가 되도록 작업하자며 서로를 격려하고 열심히 땀을 흘렸다.

● 자녀 방 위에 다락방을 두었다. 계단이 차지하는
공간을 최소화하여 공간의 효율에 신경 썼다.

● 무절 히노끼로 벽면을 마무리하고 천정은 규조토를 발라
건강에 신경 쓴 모습이다. 계단을 따라 배치한 창문과
조명이 조화롭다.

그렇게 돌아간 현장은 중간 테스트에서 1.5리터 기준 이내로 통과하고
완공 후 테스트에서 끝내 2리터라는 놀라운 성적을 냈다.
건강주택에 주력해 5리터가 나와도 좋다던 건축주는
개성 있는 외관에 높은 사양까지 두 마리 토끼를 모두 잡은 기분으로 몹시 기뻐했다.
게다가 입주 후 얼마 지나지 않아
호흡이 너무 편하고 천식이 개선되었다는 좋은 소식까지.
나 또한 그런 건축주의 모습에 기뻤지만
이번처럼 복잡한 설계로도
성공적인 결과를 이루어 낸 것에 대해 더 보람을 느꼈다.

처음에는 모든 것이 획기적이지만,
그게 쌓이면 일반화가 되고 구형이 되는 것.
그 변화에 적극적으로 맞서 새로운 획기적인 도전해 성공해냈다는 쾌감은
꽤 오래도록 내 가슴을 빵빵하게 부풀렸다.

좋은 것을 더 좋게!

그게 설령 낯선 것이라도 꾸준히 도전하는 내가 되기를...
거울 속의 김창근에게 화이팅을 외쳤다.

에너지해석 개요

The Optimal Energy Solution
ENERGY#
Copyright (c)2016. Sungho Bae. All rights reserved

1. 기본 정보

<table>
<tr><td rowspan="3">기본
정보</td><td>건물명</td><td colspan="3">e블레시움 두빛나래</td></tr>
<tr><td>국가명</td><td>대한민국</td><td>시/도</td><td>대전</td></tr>
<tr><td>상세주소</td><td colspan="3">대전 유성구 노은로</td></tr>
<tr><td></td><td>건축주</td><td colspan="3"></td></tr>
</table>

건축 정보	대지면적(㎡)	356.2	건물 용도	단독주택
	건축면적(㎡)	122.83	건폐율	34.48%
	연면적(㎡)	217.46	용적률	61.05%
	규모/층수	지상 2층		
	구조 방식	경량목구조		
	내장 마감			
	외장 마감			

설계 정보	설계시작월	2016년 1월	설계종료월	2016년 4월
	설계사무소			
	설비설계			
	전기설계			
	구조설계			
	에너지컨설팅			

시공 정보	시공시작월	2016년 4월	시공종료월	2017년 8월
	시 공 사			

입력 검증	검증기관/번호	(사)한국패시브건축협회	
	검 증 자		(서명)
	검 증 일		
	Program 버전	에너지샵(Energy#) 2016 v1.31	

2. 입력 요약

기후 정보	기후 조건	◇ 대전		
	평균기온(℃)	20.0	난방도시(kKh)	75.2

기본 설정	건물 유형	주거	축열(Wh/㎡K)	80
	난방온도(℃)	20	냉방온도(℃)	26

발열 정보	전체 거주자수	10.4	내부발열	표준치 선택
	내부발열(W/㎡)	4.38	입력유형	주거시설 표준치

면적 체적	유효실내면적(㎡)	217.695	환기용체적(㎡)	544.2
	A/V 비	-	(= 701.8 ㎡ / 0 ㎡)	

열관 류율 (W/ ㎡K)	지 붕	0.087	외벽 등	0.120
	바닥/지면	0.119	외기간접	-
	출입문	1.295	창호 전체	1.191

기본 유리	제 품	4Loe1 + 12Ar + 4CL + 8Ar + 4CL + 12Ar + 4Loe1		
	열관류율	0.710	일사획득계수	0.42

기본 창틀	제 품	VEKA AG_82_		
	창틀열관류율	1.000	간봉열관류율	0.03

환기 정보	제 품	Aircle_r500 - SHERPA		
	난방효율	70%	냉방효율	55%
	습도회수율	60%	전력(Wh/㎡)	0.428

3. 에너지계산 결과

			에너지성능검토 (Level 1/2/3)
난방	난방성능 (리터/㎡)	**2.0**	↓ 15/30/50
	난방에너지 요구량(kWh/㎡)	**20.44**	Level 2
	난방 부하(W/㎡)	**15.0**	
냉방	냉방에너지 요구량(kWh/㎡)	**23.88**	Level 2
	현열에너지	18.36	↑ 19/34/44
	제습에너지	5.52	
	냉방 부하(W/㎡)	12.3	
	현열부하	8.7	
	제습부하	3.6	
총량	총에너지 소요량(kWh/㎡)	56.5	
	CO2 배출량(kg/㎡)	19.7	↓ 120/150/180
	1차에너지 소요량(kWh/㎡)	**84**	Level 1
기밀	기밀도 n50 (1/h)	**0.5**	Level 1
검토 결과	**(Level 2) Low Energy House**		↑ 0.6/1/1.5

연간 난방 비용

330,000 원

연간 총에너지 비용

1,159,000 원

13 척박한 땅에서 희망 찾기

인천 경서동 4.1리터

건축정보

용도	단독주택(4.1리터)	바닥 열관류율	0.189 W/㎡·K
건축물주소	인천시 서구 경서동	창틀 제조사	VEKA, TORNADO
건축물이름	e블레시움 행복 7번지	창틀 열관류율	1.4 W/㎡·K
설계사	(주)풍산우드홈 (정회원사)	유리 제조사	동국유리
시공사	(주)풍산우드홈 (정회원사)	유리구성	4PLT113(HS) +12Ar(SWS) +4CL(HS) +10Ar(SWS) +4PLT113(HS)
대지면적	297.20㎡	유리 열관류율	0.68 W/㎡·K
건축면적	82.01㎡	유리 g값	0.41
건폐율	27.59%	현관문 제조사	엔썸
연면적	136.85㎡	현관문 열관류율	1.18 W/㎡·K
용적율	40.45%	문 기밀성능 (국내기준)	0.50㎡/㎡·h
규모	지상 2층	기밀성능(n50)	1.14 회/h
구조방식	경량목구조	환기장치 제조사	셀파
난방설비	도시가스 보일러	환기장치효율 (난방효율)	78%
주요외장재	외단열미장마감	난방면적	91.6㎡
외벽구성	T100EPS1종3호 +ESB합판+T140 크나우프단열재 (가등급)+인텔로 +석고보드 2겹	난방에너지요구량	41 kWh/㎡·a
		난방부하	29 W/㎡
외벽 열관류율	0.164 W/㎡·K	1차에너지소요량	163 kWh/㎡·a
지붕구성	멘토3000+ESB합판 +T280 크나우프단열재(가등급) +인텔로	계산프로그램	phpp
		인증번호	2016-P-001
지붕 열관류율	0.151 W/㎡·K		
바닥구성	100버림콘크리트 +T100압출법보온판1호 +T400콘크리트 +T50비드법1종1호 +T50방통+지아소리잠		

출처 (사)한국패시브건축협회

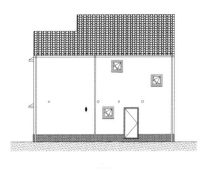

배면도

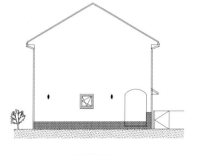

좌측면도

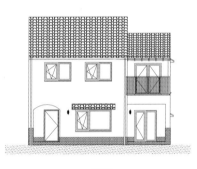

정면도

우측면도

 설계포인트

청라국제도시 단독주택용지 내의 건물로, 서측과 북측은 도로에 남측과 동측은 대지에 면해 있는 사각 형태의 실용적인 평면으로 구성된 단독주택이다. 건물 외벽에 닿는 일사 열량을 최대한 얻기 위해 앞 건물과의 거리를 계산하고, 계절별 바람의 방향을 고려해 배치하였다. 공용공간과 사적공간을 1층과 2층으로 분리하여 프라이버시를 확보하고, 거실은 통과 동선 없이 독립적인 배치로 필로티로 띄운 석재데크와 연결하여 개방감이 있는 주방을 구성했다. 깔끔한 모던 형태의 입면에 따뜻한 느낌의 외장재와 지붕재를 조합하여 조화를 이루고 주차장의 래티스와 외벽의 파벽돌, 현관 부분의 아치 등의 요소로 변화와 재미를 주었다.

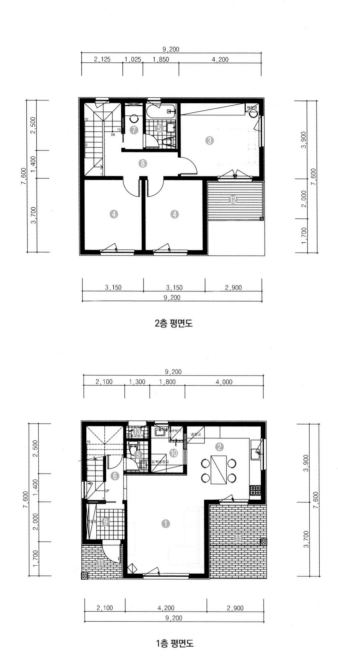

2층 평면도

1층 평면도

① 거실 ② 주방 및 식당 ③ 안방 ④ 침실 ⑤ 욕실 ⑥ 계단실 ⑦ 파우더룸
⑧ 복도 ⑨ 현관 ⑩ 다용도실 ⑪ 데크 ⑫ 발코니 ⑬ 보일러실

척박한 땅에서
희망 찾기 인천 경서동 4.1리터

몇 년 전까지만 해도 집을 짓겠다고 상담하러 오는 연령층은
어느 정도 안정기에 들어선 중년 이상이었다.
하지만 최근 들어 건축주의 연령대가 부쩍 낮아졌음을 느낀다.

나이가 들어 안정기에 접어든 노후를 위한 집이거나
노부모를 위한 효도 주택 위주였던 시장에서
가족만의 오롯한 공간에서 최대한 사생활을 보장받고자 하는 욕구와
어린 자녀가 건강하고 자유로운 공간에서 뛰놀게 하고픈
젊은 부모의 지향점이 두드러지고 있다 할까.

이 집의 건축주는
아내와 곧 태어날 아기를 위한 집을 짓기 위해 고민하고 있었다.
겨울철 단열에 문제가 있는 아파트의 추위에서 해방되고
새로 태어날 아기의 건강에 해가 되지 않는 그런 집이 필요했다.

건축주 한마디

집을 짓기 전에 관련 서적을 보고 한국패시브건축협회에 올라와 있는 자료들을 보며 공부를 했다. 시공사 역시 한국패시브건축협회 사이트를 통해 시공실적을 보고 판단했다. 패시브하우스의 장점은 겨울에 따뜻하고 여름에 시원하다는 체감 외에 가스요금, 전기요금이 말해준다. 겨울철 실내온도를 23도로 유지했을 때 월평균 7~8만 원 정도의 가스요금이 나오고 전기요금의 경우 여름철 에어컨 가동 시 400kw 평월엔 250kw 정도 사용한다. 주방에서 전기스토브를 사용하고 환기장치를 24시간 가동하는 것을 고려했을 때 매우 만족스럽다.

건축주는 한국패시브건축협회 홈페이지를 둘러보며 공부를 하고
그곳에서 패시브하우스 시공실적이 가장 많은
우리 회사를 눈여겨보았던 것 같다.
그러다가 경향하우징페어에 참가 중인 우리 회사 부스를 방문해
본인이 꿈꾸는 집에 대해 내게 털어놓았다.

다닥다닥 붙은 똑같은 아파트 생활에서 벗어나고 싶은 마음,
아기가 태어나고 자라면서 누구 눈치 보지 않고 마음껏 뛰놀 수 있는 공간,
가족 구성원에게 꼭 필요한 공간과 효율적 배치 등
그의 이야기 속엔 그간 키워 온 꿈과 고민이 섞였있었고
과연 그게 가능할지 눈빛에 소망을 담아서 내게 전달했다.
나 또한 그가 궁금해하는 모든 것에 성실히 답했다.
이미 인천 청라지구에 부지를 마련한 건축주에게 남은 예산은
간신히 일반 목조주택을 지을 정도였는데
막상 패시브하우스와 일반주택의 차이점을 제대로 알고 나니
고민이 깊어지는 눈치였다.
장시간에 거쳐 상담하고 뒤돌아서는 그에게 나는 말했다.

"우리 회사가 아니어도 좋으니 집은 꼭 패시브하우스로 지으십시오.
 새로 태어날 아기에게 새집 증후군은 아주 안 좋습니다."

정말 그랬으면 했다.
새집증후군이 건강에 미치는 악영향이 얼마나 큰지
직업이기 때문에도 익히 알고
그간 만나온 수많은 건축주와 주변 사람들을 통해서도 절감한 나는
곧 태어날 아기와 함께 살 공간을 꿈꾸는 젊은 아버지가
좀 더 멀리 보고 현명한 판단을 하길 바랐다.

● 아담한 2층으로 설계한 이 집은 구성면에서 합리적이고 실용적인 4.1리터의 패시브하우스다.

● 현관 입구를 아치형으로 만들었다. 거실 창 위에 눈썹처마를
설치해 여름철 차양의 기능과 외벽의 포인트로 아기자기한 느낌이다.
우측 주방과 연결된 외부엔 테이블과 의자를 두어 바깥에서도
오붓한 시간을 보낼 수 있도록 했다.

● 2층 안방 창밖으로 발코니를 내고
철제 난간을 설치했다.

● 집 뒤편에서 본 모습. 측면에 지붕을 연결해 주차장을 확보했다.

건축주는 머지않아 다시 찾아왔고
우리는 머리를 맞댔다.
2층 구조에 41.74평.
처음엔 빠듯한 예산에 맞추기 위해
저에너지 주택으로 가닥을 잡았으나
함께 고민하는 과정에서
이왕이면 조금 더 애써서 5리터
패시브를 해보기로 투합했다.

● 당시 5리터로 약속된 설계 시공 내용을 웃돌아
4.1리터 성적이 나왔다.

5리터 인증 패시브하우스로 결정했으니

현실성 있게 추진해야 한다.

설계를 단순화했다.

1층은 공용공간으로 거실과 주방을,

2층은 부부 방과 자녀 방, 서재로 나누어 배치했다.

이웃집과의 거리를 계산해 일사 취득량도 최대한 확보했다.

부부는 평균 신장을 넘는 훤칠한 키의 소유자들이라

주방가구와 욕실 세면대의 높이 등을 조정하여

내가 짓는 집이 아니면 느낄 수 없는 쏠쏠한 만족감도 맛보았다.

건축주 부부에게 곧 태어날 아기를 위한 마무리도 필요했다.

갓 태어난 신생아가 새집증후군으로 고생하면 안 되기 때문에

나는 건축주에게 될 수 있는 대로 벽지는 친환경 소재를 선택하고

가구도 E0급으로 설치하기를 조언했다.

5리터로 짓고자 했던 이 집의 성적은 4.1리터.

5리터를 기준으로 한 패시브하우스 중 가장 적은 비용으로 완공되었다.

인천 청라지구에 씨앗 하나를 심은 것이다.

'씨앗 하나'

척박한 땅에 씨앗을 심는 일.

지금 내가 하는 일이 그것인 것 같다.

그 '씨앗'에 사는 건축주가

한겨울을 나고 전한 이메일에는

전에 살던 아파트보다

넓은 면적임에도

모든 에너지 사용 비용이 줄었고

● 어린 아기와 함께 세 식구가 살기 적합한 크기의 거실이다.

특히 난방비는 23도를 유지했을 때
7~8만원이 든다고 명시되어 있었다.

건축주는 집을 짓기 전 패시브하우스에 관한 공부를 많이 하고
한국패시브건축협회 홈페이지를 통해
우리 회사의 시공성적에 대해 미리 접했던 터라
본인의 생각에 전문적인 조언도
충실히 반영하는 모습을 보여주었다.
그런 기본적인 신뢰로 이 집의 공사 진행은 순조로웠고
입주 후의 만족도도 높으니 나로서는 더 바랄 것이 없었다.

다만 '씨앗 하나'의 힘에
진심의 기원을 담을 뿐.

● 화이트 톤의 주방.
건축주 부부의 큰 키에 맞춘
가구들을 설치했다.

● 2층에 위치한 부부 침실.

● 천정의 사랑스러운 조명과 수유 의자가 놓인
아기 방. 건축주 부부는 어린 아기를 위해서도
더욱 쾌적하고 건강한 환경이 필요했다.

● 전면에 큰 창과 머리맡에 작은 창을 내어
채광과 개방감을 확보했다. 시스템창호 설치로
겨울철에도 실내온도 걱정이 없다.

에너지해석 개요

1. 기본 정보

기본 정보	건물명	e블레시움 행복7번지		
	국가명	대한민국	시/도	인천
	상세 주소	인천광역시 서구		
	건축주			
건축 정보	대지면적(㎡)	297.2	건물 용도	단독주택
	건축면적(㎡)	82.01	건폐율	27.59%
	연면적(㎡)	120.21	용적률	40.45%
	규모/총수	지상 2층		
	구조 방식	일반목구조		
	내장 마감			
	외장 마감			

설계 정보	설계시작월		설계종료월	
	설계사무소			
	설비설계			
	전기설계			
	구조설계			
	에너지컨설팅			

시공 정보	시공시작월		시공종료월	
	시공사			
입력 검증	검증기관/번호	(사)한국패시브건축협회		
	검증자		(서명)	
	검증일			
	Program 버전	에너지샵(Energy#) 2016 v1.31		

2. 입력 요약

기후 정보	기후 조건	◇ 인천		
	평균기온(℃)	20.0	난방도시(kKh)	79.7
기본 설정	건물 유형	주거	축열(Wh/㎡K)	128
	난방온도(℃)	20	냉방온도(℃)	26
발열 정보	전체 거주자수	4.48	내부발열	표준치 선택
	내부발열(W/㎡)	4.38	입력유형	주거시설 표준치

면적 체적	유효실내면적(㎡)	90.95	환기용체적(㎡)	227.4
	A/V 비	0.47	(= 376.6 / 795)	

열관 류율 (W/ ㎡K)	지붕	0.151	외벽 등	0.164
	바닥/지면	0.156	외기간접	–
	출입문	1.290	창호 전체	1.285
기본 유리	제품	4PLT113 + 12Ar + 4CL + 10Ar + 4PLT113		
	열관류율	0.840	일사획득계수	0.46
기본 창틀	제품	Tornado120		
	창틀열관류율	1.400	간봉열관류율	0.03

환기 정보	제품	Aircle_r250 – SHERPA		
	난방효율	70%	냉방효율	55%
	습도회수율	60%	전력(Wh/㎡)	0.428

3. 에너지계산 결과

			에너지성능검토 (Level 1/2/3)
난방	난방성능 (리터/㎡)	**4.5**	↓ 15/30/50
	난방에너지 요구량(kWh/㎡)	**44.63**	Level 3
	난방 부하(W/㎡)	**24.8**	
냉방	냉방에너지 요구량(kWh/㎡)	**18.05**	Level 1
	현열에너지	11.19	↑ 19/34/44
	체습에너지	6.86	
	냉방 부하(W/㎡)	12.2	
	현열부하	7.5	
	제습부하	4.7	
총량	총에너지 소요량(kWh/㎡)	114.5	
	CO2 배출량(kg/㎡)	34.4	↓ 120/150/180
	1차에너지 소요량(kWh/㎡)	**148**	Level 2
기밀	기밀도 n50 (1/h)	**0.6**	Level 1
검토 결과	(Level 3) Low Energy House		↑ 0.6/1/1.5

연간 난방 비용

297,500 원

연간 총에너지 비용

691,400 원

건축정보

용도	단독주택
건축물주소	경기도 성남시 분당구 판교동
시공사	㈜풍산우드홈
대지면적	265㎡
건축면적	130.6㎡
건폐율	49.30%
연면적	238㎡
용적률	89.67%
규모	지상 2층
구조방식	경량목구조 및 중목구조+철골 혼합구조
난방설비	도시가스보일러
주요내장재	친환경 페인트, 규조토, 편백루버
주요외장재	외단열미장마감, 탄화목재사이딩
창틀 제조사	레하우, 이건창호
환기장치 제조사	SHERPA
환기장치효율(난방효율)	75%
태양광발전 용량	3 kWp

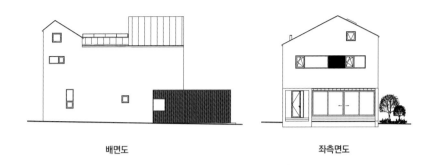

배면도   좌측면도

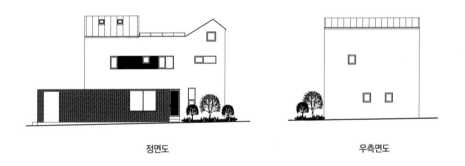

정면도   우측면도

 설계포인트

타 주택과 다르게 중정을 2층에 배치했다. 바닥공사는 방수와 윔루프 공법을 적용해 엄격히 시공했으며 집안의 모든 내장재는 천연소재를 선택했다. 자작나무로 만든 방문과 벽에는 새집증후군을 예방하고자 규조토와 아우로 천연페인트를 사용했다. 패시브하우스 인증은 받지 못했지만 열회수환기장치, 외부차양장치와 태양광 패널까지 설치해 친환경과 에너지 절약 요소가 빠짐없이 들어가 성능적으로 차이가 거의 없다. 실내공기질과 열적 쾌적성이 뛰어난 건강주택이다.

2층 평면도

1층 평면도

① 식당 ② 주방 ③ 다용도실 ④ AV룸 ⑤ 공부방 ⑥ 침실 ⑦ 욕실
⑧ 드레스룸 ⑨ 복도 ⑩ 가족실 ⑪ 현관 ⑫ 테라스 ⑬ 중정 데크

난제를
풀어라 판교 저에너지 하우스

판교 저에너지 하우스의 처음 설계는 철근콘크리트였다.
하지만 그 구조를 목구조로 전환하기로 계획을 변경했다.
그냥 들으면 집의 재료만 바꾸면 될 것 같지만
철근콘크리트와 목조의 구조는 이것저것 달리 계산해야 할 것들이 많다.

철근콘크리트 구조에서 가능한 것이
목구조에서는 여의치 않은 것 중 하나가 장선의 길이인데
이 집이 바로 그 문제를 안고 있었다.
목구조가 실현할 수 있는 장선의 길이는 4.5~6.0미터.
하지만 이 집 거실의 넓은 쪽 길이는 그 이상인 데다가
한쪽 벽면 전체가 창호로 설계되어 있었다.

그 해법을 찾는 것도 어려운데
집 앞이 상가이고 이웃과의 측면경계는 고작 1미터여서
마당이 있어도 모르는 이들의 시선이 불편한 환경이었던 터라
2층 가운데에 뻥 뚫린 중정을 계획한 고난도의 설계였다.

건축주 한마디

처음 RC구조로 설계된 시안을 가지고 몇몇 시공사를 두드려보았지만, 노하우가 없어 손을 내저은 회사들도
있었다. 다행히 국내 패시브하우스 최다 실적을 보유하고 있는 풍산우드홈을 만나 철골조가 가미된 목구조주
택으로 바꾼 뒤 공사를 시작하게 되었다. 결로와 곰팡이가 발생하지 않는 따뜻하고 건강한 주택을 위하여 내
부기밀 및 방습공사로 습기가 조절될 수 있게 시공하고 단열에 최대한 신경 썼다.

● 주택 바로 앞에 상가주택이 있어서 시선 차단을 위해 벽을 연장해 담장을 둘렀다.

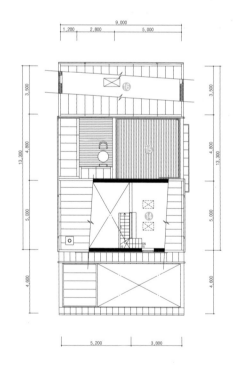

다락 평면도

⑭ 다락 ⑮ 옥상 데크 ⑯ 데크

그런 설계도를 갖고 목구조로 지을 시공사를 찾으니
회사마다 고개를 저었을 것이고
마지막으로 찾아온 것이 우리 회사였다.

그 설계도를 받아보는 순간 참 좋은 설계구나 감탄했다.
하지만 그 좋은 설계도를 목구조로 구현하기 위해서는
풀어야 할 문제가 한둘이 아니었으므로 쉽게 결정할 수는 없었다.

조금만이라도 변경하면 어떨까 싶은데
건축주는 그 설계에 애착이 강해 그대로 지어주길 바랐다.

● 담장 전면에 불투명 소재의
단파론 설치로 빛은 투과하고
시선은 차단하는 효과를 주었다.

● 스타코플렉스와 탄화목재로 포인트를 준
벽과 금속 프레임으로 마감한 창문.

● 주방은 아일랜드 테이블을 배치하고 그 옆에 평상을 붙인 형태로 편리한 변화를 주었다.

● 거실 테이블 앞에 앉으면 작은 정원이 보인다. 기능적으로는 패시브하우스로 손색이 없는 집이나
건축주의 취향으로 미닫이 창호를 채택하여 패시브 인증을 받을 수 없었다.

그러니 어쩌겠는가.

다시금 도면 해석에 들어가 목구조로 구현할 방법을 모색했다.

제일 먼저 해결해야 했던 것이 6미터 상당의 거실 장선.

1층의 주요구조는 H빔이었다.

순수 목구조로 가능한 4.5미터를 넘으니

H빔 아니고서는 답이 없었다.

하지만 H빔이 안고 있는 문제는 열전도율

우리는 6미터의 H빔을 목재로 둘러쌌다.

길고 큰 창문의 하중을 견뎌야 하므로

글루램이라는 공학목재를 중간에 받치고

일반 경량목재도 2×4~2×12의 모든 규격을 적용했다.

즉, H빔과 공학목재, 경량목재 세 가지 혼합구조를 해법으로 시공한 것이다.

그다음 해결할 문제는 2층의 중정.

중정은 일반적으로 1층에 만든다.

2층에 중정을 둔 설계는 처음 보았다.

● 2층 다락방에서 내려다본 거실 모습으로 원형 조명과 벽난로의 조화로 인테리어 효과까지 냈다.

● 탄화목재로 만든 반투시형의 미닫이 대문을 열면 현관이 보인다.

● 목구조주택 2층에 설치된 중정 모습.

● 2층에 중정을 두어 하늘을 볼 수 있게 했으며, 눈이나 비가 내려도 문제가 발생하지 않도록 방수공사에 심혈을 기울였다.

2층의 사방에서 중정이 보이도록 가운데에 배치하자니
그 사방도 유리일 수밖에 없다.
그냥 머릿속에 그려보기엔 참 근사한 구조다.
하지만 그 근사함을 떠받치는 안정성은 우리 책임이다.
건축주가 하늘에서 떨어지는 눈비를
편안한 마음으로 운치 있게 보도록 해야 한다.

중정의 바닥 방수를 어떻게 해야 할까.
경사가 없는 2층의 평바닥에 떨어지는 눈비를 깔끔하게 처리하는 것은
매우 어려운 공법이다.

건축주도 그 난이도 높은 설계에 따르는 문제를 알고 있었다.
패시브 공법을 적용해 짓는 집이다 보니
지붕은 당연히 2중의 웜루프 시공이 적용되는데
건축주가 그 공법을 이해하더니 떡하고 요구한다는 것이
'중정의 바닥에 웜루프 공법을 적용해 달라.'는 것이 아닌가.

그렇다.
2층 중정 바닥은 1층의 천정인 것이다.
그러니 그 부분에도 웜루프를 적용해
통기성 기능을 보장받겠다는 건축주의 생각.
다 맞다.
하지만 어렵다.

● 지붕의 경사면을 최대한 활용한 다락방으로
천창이 있어 채광이 좋다.

● 옥상정원 옆 지붕에 태양광 패널을 설치했다.

평바닥 아래 월루프 공법을 적용해
공기의 드나듦까지 계산해 내야 하는 고난도인 현장.

이런 문제 저런 문제를 해결하며 짓다 보니
공사기간은 예상했던 기간을 넘어 7개월이 걸렸다.
하지만 건축주는 불평하지 않았다.
어떻게 해서든지 문제를 풀기 위해 노력하며
꼼꼼히 시공해가는 우리의 공정을 신뢰했다.

모든 패시브 공법이 적용되고
최상급의 패시브 자재가 들어간 집.
하지만 이 집은 패시브하우스가 아니고 저에너지 하우스다.

열회수환기장치는 물론이요
외부 전동 블라인드도 햇빛에 따라 자동으로 각도가 조절되는
우수한 제품이 적용되었고
규조토와 편백, 아우로 페인트 등
마감재 또한 친환경으로 공을 들였지만
마당을 바라보는 전면 창과 주방 쪽 창을 미닫이로 설치한 탓이다.
한국패시브건축협회의 인증 규정에
그 한 가지가 충족되지 못한다는 사실에 나는 무척 안타까웠다.
시공 중에 건축주에게 그 부분을 수정하고
패시브하우스 인증을 받자 제안 했지만
건축주는 인증 보다 본인의 기호에 만족의 기준을 두고 있었으므로
최선의 결과물이 패시브하우스로 인증받지 못하는 아쉬움은 오롯이 내 몫이었다.

80평 부지에 지어진 2층 구조 연면적 72평의 저에너지 하우스는

● 6미터 상당의 거실 장선을 해결하기 위해
H빔을 사용하고 열전도를 막기 위해 H빔 둘레를
목재로 둘러쌌다.

● 1층의 천정과 맞닿은 중정 바닥에 윔루프를
적용하고 방수 문제를 해결하는 데 공을 들였다.

이렇게 산 넘고 물 건너는 인내를 거쳐 참으로 어렵게 탄생했다.
이 집을 짓기 전 건축주는 단독주택에 전세를 살았다고 했다.
하지만 그 집이 얼마나 추웠는지
겨울이면 난방비가 한도 끝도 없이 들어가고
결로 곰팡이로 스트레스를 많이 받았던 경험때문에
내 집만큼은 꼭 따뜻하게 짓겠노라 결심했다고 말했다.

집은 누구에게나 꿈이다.
내가 지은 꿈의 집에 사는 사람들이
따뜻한 집에서 따뜻한 마음을 주고받으며 산다는 것.
비록 이 집이 패시브하우스 인증을 받지는 못했지만
누군가의 삶의 질에 기여한 인증은 곧이어 증명되었다.

이 집의 뛰어난 기능을 직접 확인한
또 다른 판교 건축주가 나타났으니 말이다.
최선의 결과물은 또 다른 꿈에 다리를 놓는 법인가 보다.

집은 더 좋아져도 된다

판교 2.5리터

건축정보

용도	단독주택(2.5리터)
건축물주소	경기도 성남시 분당구 판교동
건축물이름	e블레시움 온새미로
설계사	㈜풍산우드홈
시공사	㈜풍산우드홈
대지면적	253㎡
건축면적	119.25㎡
연면적	223.95㎡
규모	지상 2층
구조방식	일반목구조
난방설비	보일러
주요내장재	레드파인루버, 히노끼루버, 규조토
주요외장재	외단열미장마감
외벽구성	비드법보온판 1종3호+합판+셀룰로우즈(2x6스터드)+석고보드
외벽 열관류율	0.120 W/㎡·K
지붕구성	합판+글라스울(제작 스터드)
지붕 열관류율	0.095 W/㎡·K
바닥구성	버림콘크리트+압출법보온판 특호+철근콘크리트+무근콘크리트
바닥 열관류율	0.129 W/㎡·K
창틀 제조사	VEKA
창틀 열관류율	1 W/㎡·K
유리 열관류율	0.68 W/㎡·K
창호 전체열관류율(국내기준)	0.891 W/㎡·K
유리 g값	0.41
현관문 제조사	엔썸
현관문 열관류율	1.18 W/㎡·K
기밀성능(n50)	0.97 회/h
환기장치 제조사	셀파
난방면적	200.7 ㎡
난방에너지요구량	24.76 kWh/㎡·a
1차에너지소요량	95 kWh/㎡·a
계산프로그램	Energy# 1.1
태양광발전 용량	3 kWp
인증번호	2016-P-003

출처 (사)한국패시브건축협회

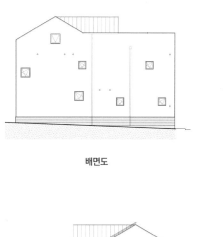

배면도

좌측면도

정면도

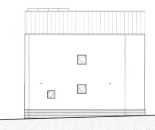

우측면도

 설계포인트

차량통행이 비교적 잦은 도로에 접해 있는 남향의 직사각형 대지 위에 서측과 북측으로 건물을 배치하고, 도로 면에는 수납담장을 계획하여 그 안으로 차고 문을 설치했다. 마당에 들어서면 집안과 마당을 쉽게 넘나들 수 있는 공간, 바깥 놀이를 부담 없이 할 수 있는 공간으로써 야외놀이 용품 수납함을 겸한 평상형 데크를 설치했다. 외장재는 스타코를 기본으로 하여 남측과 오염이 발생할 수 있는 부분을 점토타일로 시공하여 기능과 아름다움을 조화시키고 목재사이딩으로 포인트를 주었다.

2층 평면도

1층 평면도

① 거실 ② 주방 및 식당 ③ 침실 ④ 욕실 ⑤ 옷장 ⑥ 드레스룸 ⑦ 파우더룸
⑧ 가족실 ⑨ 현관 ⑩ 다용도실 ⑪ 창고 ⑫ 데크 ⑬ 보일러실

집은 더 좋아져도 된다 판교 2.5리터

판교에는 두 채의 집을 지었고
두 채의 건축주들은 서로 지인이었다.
이번엔 그중 두 번째 집을 이야기 하고자 한다.
(이하 첫 번째 집을 판교1 두 번째 집을 판교2로 표기)

주변에 앞선 경험자가 있다는 것은 결정에 영향을 주기 마련인데
이 집의 이야기를 하자면 판교1을 지나칠 수가 없다.

판교1의 건축주는 RC구조의 설계도를 가지고 찾아왔다.
RC구조 설계 그대로 목구조로 짓고 싶다는 것이었다.
목구조의 한계를 넘는 2층 바닥의 긴 장선까지 그대로 하겠다는,
끝내 디자인을 고수하겠다는 분명한 의지를 내보였다.

그 밖에도 여러 난제를 풀어가며 패시브 공법으로 완공한 집이 판교1인데
거실 창을 미닫이 창호로 결정한 한 가지 때문에 저에너지 하우스로 평가받았다.

 건축주 한마디

이 집을 짓기 전에 패시브하우스에 대해 들어본 적이 없다. 집 지을 계획을 세울 때 어떻게 하면 아이들이 좋은 환경에서 자라게 할 수 있을까 고민하던 중 딸아이 친구 집에서 해답을 찾았다. 그쪽 부모는 패시브하우스를 지었더니 실내공기도 쾌적하고 냉난방비 걱정도 없다고 했다. 패시브하우스는 단열과 기밀이 엄격해 겨울에는 따뜻하고 여름에는 시원하다. 열회수환기장치를 통해 실내공기 질을 항상 깨끗하게 유지할 수 있다.

● 잔디마당에서 어린 자녀들과 재미있게 놀 수 있는 집을 짓고 싶다는 건축주 부부의 소망을 담아 지은 집이다.

사용의 편리성에 무게를 둔 건축주가 여닫이 패시브 창호보다
미닫이 창호를 설치하겠다는 의지가 강했기 때문이다.
외부전동차양장치와 열회수환기장치까지 다 들어가
패시브하우스의 요소를 모두 충족한 집이
거실 창문 하나로 인증 대상이 안 된다는 것은 참 아깝고 안타까운 일이었다.
하지만 집은 사용자의 만족감이 최우선이니 그것으로 된 거라고 자신을 위로했다.

그런 아쉬움을 덜어주려 판교2의 건축주가 나타난 걸까.
판교2의 건축주는 40대 초반의 의사였고
그래서 더욱더 그랬는지 건강 측면에 강화된 친환경 주택을 원했다.

판교1의 시공 과정도 모두 보았고

● 외벽 마감재의 소재를 달리하여 특징을 주었다.
안방과 연결된 발코니 공간이 시선을 끈다.

● 도로 면과 접한 벽을 박스형으로
제작해 미닫이문을 전동으로 여닫을
수 있게 했다.

● 주차장 출입문을 전동 포켓도어로 설계했다.
출입문을 닫게 되면 차도와 차단이 되어 외부 시선에서 자유롭고 어린 자녀가 안전하게 놀 수 있다.

서로가 지인 관계이다 보니 실제 판교1을 방문해
그 집의 기능 상태에 대해 보고들은 바가 있어
패시브에 대해 긍정적으로 접근할 수 있었으리라 생각한다.

판교2의 부지는 넓지 않았다.
차량통행이 비교적 잦은 도로에 접해 있는 남향의 직사각형 부지.
그런 환경과 땅의 모양에 맞도록 설계하는 것이 첫 번째 관건이었고
꼼꼼한 건축주가 요구하는 모든 것들에 귀를 기울여야 했다.

넓지 않은 부지지만 최대한 마당 면적을 확보 하고자 했고
2층 거실과 침실에 발코니 연결을 원했다.
아이들 각각의 방은 복층 구조로 재미있고 아늑한 공간이길,
그리고 거실 위에도 다락을 들여놓길 원했다.
무엇보다 최대한 건강을 고려한 재료로 시공해 달라고 힘주어 강조했다.
그 모든 것들을 수용하여 설계가 진행되고
3리터 이하 패시브 인증을 목표로 한 공사가 시작되었다.

서쪽 북쪽이 후면으로 가도록 집을 앉혀
동쪽과 남쪽을 향한 창문으로 최대한 햇빛을 많이 받는 구조.
그 안에 배치한 공간들은 가족의 생활방식에 가장 효율적인 구성이었다.

1층은 주로 공용공간으로 거실, 주방, 공부방
2층엔 부부의 방과 아이들의 방을 두고
욕실과 다용도실, 드레스룸, 세탁실 등은 서측으로 배치했다.

건축주가 강조한 건강 측면의 재료도 적재적소에 최대한 반영해
실내의 모든 수납장과 신발장을

● 지붕에 태양광 패널을 설치했다.
3층 다락과 연결된 옥상 데크에선
주변 조망이 가능하다.

● 남동향에 ㄱ자로 배치한 건물을 올려다본 모습.
남쪽의 1층과 2층에 처마를 설치하고, 동쪽 창문에는
외부전동차양장치를 설치했다.

● 외부차양장치를 내린 모습.
여름철 햇빛을 차단하는 것이 주목적이지만
겨울철 냉기를 막아주는 기능도 한다.

유럽의 친환경 E0급 자작나무 합판으로 우리 목수팀이 직접 제작했다.
도로 면엔 외부시선을 차단하되 자연스럽게 주택에서 연장되도록 담장을 둘렀고,
담장 속에 포켓도어 형식의 문을 달아 그 안쪽에 주차할 수 있도록 했다.

이 집은 창호도 더 신경을 썼다.
이제까지 지은 패시브하우스에 적용된 3중 유리 시스템 창호보다
더 강화된 로이코팅 4중유리 시스템창호를 설치한 것이다.
수십 채의 패시브하우스를 지으면서 좀 더 나은 기능을 위해서라면
무엇이든 해 보고 싶은 나의 욕심과 갈증이 건축주에게 전달되고
거기에 OK 사인을 받은 결과물이었다.

● 거실과 주방을 경계 없이 개방하여 실내가 더욱더 넓어 보인다.

4중창을 설치하고 싶은 욕심은 에너지 효율 측면뿐 아니었다.
차량 통행이 빈번한 차도와 접한 집이기 때문에
소음차단에도 효과적일 것이라는 생각이 들어서였다.
4중창은 무게가 상당하다.
그 무게를 감당할 하드웨어를 독일에서 별도로 수입해 설치해야 했다.
패시브하우스가 발전해 있는 독일의 재료와 시험성적을 믿고
FM대로 설치한 4중유리 시스템창호
일반적으로 주택에 4중창을 적용한 건 우리 회사가 처음일 것이다.

3리터 이하 인증이 목표였던 이 집이
한국패시브건축협회로 부터 2.5리터라는 인증을 받았을 때
나는 그 성적의 공신 중 하나가 4중 유리 시스템창호라고 생각했다.
그래서 창호회사의 도전과 내 판단에 뿌듯했다.

하지만 시간이 흐르면서

● 아일랜드테이블를 배치한 주방의 한쪽 벽면에 수납장을 설치해 항상 깔끔한 모습을 유지할 수 있다.

그건 다시 생각해 볼 문제였다.
건축주에게 그 집에 살면서 느낀 점을 듣게 되었는데
살아보니 정말 좋더라,
패시브하우스로 짓기를 참 잘했다는 긍정적 반응에 매우 흐뭇했던 반면
창문을 여닫을 때 뻑뻑하고 무거워서 힘이 든다는 것과
도로에 차량이 통행할 때 소리는 잘 안 들리는데
작은 진동은 어쩔 수 없더라는 말이 더 크게 들렸다.

도로에 인접한 집에서 사는 사람들이 불편하게 생각하는 소음과 진동.
아마도 일반 창호로 시공했다면
판교2의 가족도 작은 진동 그 이상과 소음을 안고 살아야 했을 것이다.
편리성 측면에서 4중창의 순기능은 그냥 두고
판교2에서 4중창의 창호 문제를 살펴보면
무게가 너무 무겁다 보니 창이 쳐지는 현상이 나타난 것이다.
독일 제조사의 매뉴얼대로 단단히 설치했지만 그 현상은 엄연한 사실이었다.

● 계단실 하부에 수납장을 설치해
공간 활용을 높이고 계단 바깥쪽엔
난간 대신 격자 구조물을 세워
세련된 분위기다.

설치상의 문제는 보완하여 AS하면 될 문제인
데, 뛰어난 성능의 창호로써 기능적인 면에
너무 집중하다 보니
누구나 여닫는 데 편해야 된다는 측면의
검토를 놓친 것이다.

그러고 보니
판교1과 판교2는 서로 다른 화두의 창문을
갖고 있었다.

'기능이냐 편리성이냐.'

하지만 내 답은 둘 다 확보하는 것이다.

추측컨대 4중창을 설치했을 때 나타나는 문제점이
판교2만의 문제는 아닐 것이다.
그런 문제점들은 지속해서 제조사에 전달될 것이고
제조사는 어떻게든 수정 보완해서 개선된 창호를 내놓을 것이다.
거기에 현장의 기술력이 더해지면 최선이 되고 최상이 되는 것이다.

모든 것이 발전하면서 최선과 최상의 질도 높아지기 마련이다.
여태껏 짓고 또 지으면서 그랬듯이
앞으로 짓고 또 지으면서도 그럴 것이며
그 여전한 밑천으로 나는 늘 다짐하며 생각한다.

'집은 더 좋아져도 된다.'고.

에너지해석 개요

■ 건축물 개요

건 물 명	e블레시움 온새미로
대 지 면 적	253 m²
건 축 면 적	119.25 ㎡
연 면 적	223.95 ㎡
규 모	지상 2층
구 조	일반목구조
주요외장재	외단열미장마감
주 소	경기도 성남시 판교동

■ 입력요약

기후정보	기후조건	판교동 (Meteornom)		
	평균기온 (℃)	20.0	난방도시 (kKh)	77.5
기본설정	건물유형	주거	축열 (Wh/m²K)	80
	난방온도 (℃)	20	냉방온도 (℃)	26
발열정보	전체 거주자수	4	내부발열 입력유형	표준치
	내부발열 (W/m²)	4.38		주거시설 표준치

면적체적	유효실내면적 (m²)	200.7	환기용 체적	501.8
	A/V	0.68 (= 765.3㎡ / 1117.5㎡)		

열관류율	지 붕	0.095	외벽 등	0.120
	바닥/지면	0.108	외기간접	–
	출입문	1.18	창호전체	0.891
기본유리	제 품	4중 유리		
	열관유율	0.68	일사획득계수	0,41
기본창틀	제 품	Veka		
	창틀열관류율	1	간봉열관류율	0.027

■ 에너지계산 결과

난방	난방성능 (리터/m²)	2.5
	난방에너지 요구량 (kWh/m²)	24.76
	난방부하 (W/m²)	18.5

냉방	냉방에너지 요구량(kWh/m²)		18.34
		현열에너지	13.23
		제습에너지	5.11
	냉방부하		10.6
		현열부하	7.3
		제습부하	3.3

총량	총에너지 소요량 (kWh/m²)	63.0
	CO_2 배출량 (kg/m²)	22.5
	1차에너지 소요량 (kWh/m²)	95

기밀	기밀도 n50 (1/h)	0.97

건축정보

용도	단독주택(2.2리터)
건축물주소	전라북도 정읍시 입암면
건축물이름	e블레시움 화희율원
설계사	㈜풍산우드홈
시공사	㈜풍산우드홈
에너지컨설팅	한국패시브건축협회
시공기간	2015년 12월 22일 ~ 2016년 6월 8일
대지면적	430㎡
건축면적	123.81㎡
건폐율	28.79%
연면적	196.77㎡
용적률	45.76 %
규모	지상 2층
구조방식	일반목구조
난방설비	LPG
주요외장재	외단열미장마감
외벽 열관류율	0.106 W/㎡·K
지붕 열관류율	0.163 W/㎡·K
바닥 열관류율	0.108 W/㎡·K
창틀 제조사	VEKA
창틀 열관류율	1.0 W/㎡·K
유리 열관류율	1.4 W/㎡·K
현관문 제조사	엔썸
현관문 열관류율	1.180 W/㎡·K
기밀성능(n50)	0.63 회/h
환기장치 제조사	셀파
환기장치효율(난방효율)	70%
난방에너지요구량	22.17 kWh/㎡·a
난방부하	18.6 W/㎡
1차에너지소요량	111 kWh/㎡·a
계산프로그램	Energy# 2016 v1.1
인증번호	2016-P-005

출처 (사)한국패시브건축협회

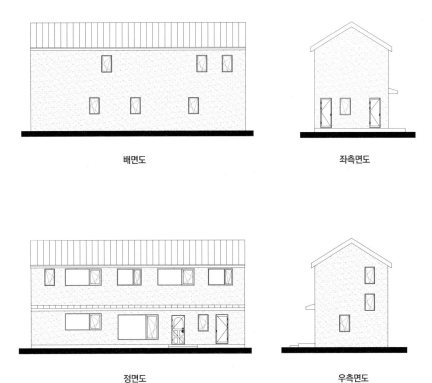

배면도

좌측면도

정면도

우측면도

 설계포인트

마당을 넓게 사용하고 내장산의 조망을 확보할 수 있는 ㅡ자 형태로 건축주가 오랫동안 꿈꾸어 오던 평면 및 공간구성과 디자인을 기본 컨셉으로 잡았다. 전체 건축 예산의 한도 내에서 패시브하우스의 기본구성 요소는 모두 갖추되 공간구성의 경제성과 시공력을 우선으로 삼고 가성비 최대의 효과를 누리는 것을 목표로 삼았다.

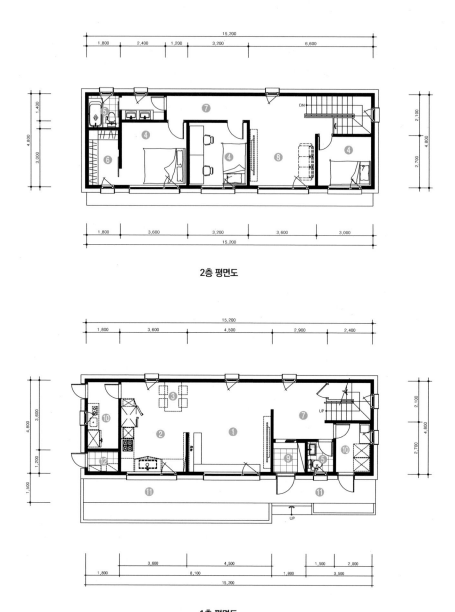

2층 평면도

1층 평면도

❶ 거실 ❷ 주방 ❸ 식당 ❹ 침실 ❺ 욕실 ❻ 드레스룸 ❼ 복도
❽ 가족실 ❾ 현관 ❿ 다용도실 ⓫ 데크 ⓬ 보일러실

젊은 지혜가 이룬 꿈 정읍 2.2리터

보통 전원주택을 지으려고 마음먹는 연령대는
사회생활을 정리하고 노년을 보내려는 50대 이후가 대부분이었다.
하지만 요즘 시공 상담을 하러 찾아오는 예비 건축주들을 보면
연령대와 이유가 다양해진 듯하다.

정읍의 2.2리터 패시브하우스 주인장이 된 주인공은 30대 후반이었다.
이 건축주는 아주 어려서부터 '내 집'
그리고 '2층 집'에 대한 꿈을 꾸어 왔던 사람이었다.
어린 시절 단독주택에서 보낸 좋은 추억을 떠올려
예쁘게 자라고 있는 어린 자매에게도 좋은 대물림을 해주고 싶은,
그와의 상담에선 건강한 정서가 엿보였다.

젊은 나이에 어떻게 이런 생각 이런 결정을 했을까.
내가 저 나이 때 급급해하고 우선순위로 삼았던 것과 비교하면
가치의 기준이 더 어른스럽고

 건축주 한마디

가족이 마음 편하게 쉴 수 있는 공간이 집이라고 생각한다. 아이들을 위해 마당 있는 집에서 살고 싶었는데 이 곳은 도시가스가 안 들어와 난방비가 걱정되었다. 패시브하우스가 이 문제를 해결해준다는 것을 알고 집짓기를 결정했다. 모든 실을 남향으로 배치하고 태양광 패널까지 설치해 집의 기능을 높이니 걱정할 것이 없다. 보일러는 12월 중순경에야 서서히 돌리기 시작하는데, 햇빛이 좋아 집안 가득 볕이 드는 날엔 뛰어노는 아이들이 땀을 흘려 에어컨을 가동한 적도 있다. 바깥 기온이 영하로 떨어져도 평균 실내온도는 25도를 유지한다. 명절이나 집안 행사 때 양가 부모님 댁에서 자게 되면 쾌적한 우리집으로 얼른 오고 싶다.

그래서 더 먼 미래가 훨씬 안정적이고 건강할 것 같았다.

건축주와 만나 이런저런 이야기를 하면서
그와의 인연은 필연인지 모르겠다는 생각을 했다.
건축주의 회사는 대전에 있었는데
우리 회사에서 2011년 지족동에서 진행했던
독일식 패시브하우스 시공 현장을 가까운 거리에서 보았다고 했다.
출퇴근 시 그 현장을 지나가면서 본인이 꿈꾸었던 집의 모양에 더욱 관심이 갔고
스멀스멀 살아난 집에 대한 꿈이 구체화되기 시작했던 것 같다.

파견근무지였던 정읍에 땅을 사고
회사에도 그 지역 근무를 자원하면서
본격적으로 집짓기에 대해 고민이 시작된 건축주.
설계를 어디에 의뢰하고
어떤 시공사를 선택해야 할까.
집짓기가 관심사이다 보니 평소 주택 잡지도 허투루 보지 않았는데
어느 날 건축주는 잡지 표지에 실린 '매우 눈에 익은 집'을 발견하게 되었다.

그건 수년 전 대전 회사 출퇴근길에 관심 있게 보았던 바로 그 집이었다.
기사를 읽어보니 그 집은 일반 목조주택이 아닌 패시브하우스.
그는 대전 지족동 패시브하우스의 건축주가 운영하는 블로그를 찾아
밤을 새워 집을 짓는 모든 과정을 탐독했다.
대전 지족동의 건축주는 특유의 꼼꼼함으로
집을 짓는 동안의 모든 것을 블로그에 기록해 놓았기 때문에
이 건축주에게는 이정표와 같은 역할을 했을 것이다.

이런 것들로 보았을 때

● 군더더기나 장식이 없는 기본 박스형의 가장 합리적인 패시브하우스다.

● 징크의 회색 지붕과 밝은색의 스타코가 조화롭다. 1층에
도 지붕 너비만큼 눈썹처마를 내서 통일감을 주었다.

집에 대한 관심과 애정이 높은 건축주가
얼마나 고마운 존재인지 다시금 깨닫게 된다.

게다가 패시브하우스 시공 이전의 경우와 비교해 볼 때
건축주들은 패시브하우스에 살면서
스스로 과거 집과의 차이를 느끼게 되면
그 보답 차원에서 패시브하우스를 홍보하는데 주저함이 없다.
나와 한마음이 되어 주는 것이다.

● 2층 박공지붕의 단아한 측면의 모습이다.
1층 주방이 있는 주택의 안쪽 깊숙한 곳에 정자를 배치했다.

● 외부차양장치를 내린 모습. 한여름 햇빛을 막아주고
실내온도를 4~5도 낮추는 효과를 얻는다.
집 앞 데크는 목재와 낮은 단차를 두고 디딤돌을 함께 연결해
어린 자녀가 드나들 때 무리가 없도록 했다.

● 주택 동쪽의 도로에서 바라본 뒷부분의 모습.

번잡하고 불편해도 집을 공개하고 방송에 출연하며

아직 패시브하우스를 모르는 수많은 사람에게 기꺼이 홍보 안내자가 되어 준다.

이 건축주도 잡지나 블로그를 통해 나타난

우리 회사 작품과 건축주의 가감 없는 솔직함을 통해

이 정도의 시공사라면 믿고 맡겨도 되겠다는 결심이 섰다고 했다.

여러 정보를 통해 믿음이 생기자
오래지 않아 우리 회사를 찾아왔고
건축주와 우리 회사는 한 팀처럼 움직였다.

그랬다. 한 팀처럼.

건축주가 바라는 집의 형태는
대전 지족동 패시브하우스처럼 창고형 외관에
디자인 요소를 배제한 매우 심플한 2층집이었다.
그건 경제적 현실성에도 부합해
패시브하우스에 한 발 더 가까이 갈 수 있는 희망적 요소가 되었다.
우리는 건축주의 의견을 최대한 반영했다.
온 집안의 실이 남쪽을 향하도록 하여
열관류율 면에서는 최고의 성능이 되는 구조로
설계한 도면을 보며 건축주는 흡족해했다.

● 1층 거실에는 어린 자녀들이 자유롭게
놀 수 있도록 바닥에 매트를 깔고 부드러운
소재의 낮은 소파를 놓았다.

● 거실과 주방 사이의 일부에만 벽을 세우고
책꽂이를 설치해 공간을 구분했다. 겨울철 넓은
창으로 해가 가득 들면 반소매 차림도 가능하다.

드디어 현장이 열렸다.

그런데 건축주는 집을 짓겠다는 마음과 예산만 준비한 게 아니었다.

대전 지족동의 건축주처럼

건축에 대한 상식과 정보로 똘똘 뭉쳐 있는 사람이었다.

공정마다 매의 눈으로 지켜보고 스스로 참여하는 모습을 보며

우리 작업자들은 그의 기대에 어긋나지 않도록

더 철저하고 정확하게 시공에 임했다.

아마도 작업자들은 건축 상식으로 무장된 건축주를 보면서

건축일로 다져진 자신들의 자존심에 자극이 되었을 것이다.

그렇게 지어진 정읍의 패시브하우스는 3리터를 목표로 지었지만

2.2리터의 우수한 결과물로 탄생했다.

드디어 건축주가 오래전부터 꿈꿔 왔던 '내 집'

그리고 패시브하우스에서의 생활이 시작되었다.

그는 대전 지족동의 건축주처럼 집 짓는 과정과

새집에서의 생활을 카페에 올렸는데

그저 '좋다', '안 좋다'의 수준이 아니라

장비를 통해 데이터를 뽑고 분석까지 하는 세밀함이 두드러졌다.

그는 한겨울 열화상 카메라로 열이 새는 곳은 없는지부터

집을 비웠을 때 실내온도의 변화,

집에 드는 모든 에너지 소비 등을

장비나 앱을 통해 데이터를 구축해 가며

아파트에서 살 때와 비교했다.

비교 결과는 전반적으로 흡족했고

집에 대한 자부심으로 발전했다.

● 주방가구를 ㄱ자로 배치하고 식탁 위에는 포인트 조명을 달았다.
조리대 전면에 큰 창을 내어 주방에도 시원스러운 개방감이 들도록 했다.

● 2층 가족실. 온 가족이 위 아래층을 오르내리며
자유롭게 즐기는 단란한 분위기를 연상케하는 공간이다.

● 욕실 입구에는 두 개의 세면대를 설치해
바쁜 아침에 자녀가 함께 씻을 수 있게 했다.

● 건축주가 직접 마련한 취미실. 아파트에서는 하기 힘든 다양한 취미를 즐길 수 있다.

물건을 파는 사람이 좋은 상품이라고 하는 것과
물건을 산 사람이 좋은 상품이라고 하는 것은 큰 차이가 있다.
두 목소리가 하나였을 때 비로소 그 물건이 '참'일 터,
패시브하우스를 짓는 내가 아무리 좋다 강조해도
건축주의 확신에 찬 한마디가 도장이 되고 보증이 되는 것이다.

그러므로 건축주의 모든 자료는
패시브하우스를 짓는 시공자에게 보물 같은 정보가 아닐 수 없다.
실제 거주자의 편리함과 불편함을 참고하면서
좋은 것은 더 발전시키고 그렇지 않은 것은 보완해야
갈수록 더욱 나은 시공력이 생기기 때문이다.

건실하고 꼼꼼한 건축주의 생활 기록이 하나 둘 카페에 올라올 때마다
질 높은 삶에 대해 곰곰이 생각하게 된다.
만족감 높은 주거공간에서 내 가족과 꾸리는 행복한 시간을 앞당긴
젊은 건축주의 '좋은 생각'이 더 확산되면 얼마나 좋을까.

그런 행복에 기여할 수 있는 인생이 내 것이라면
앞으로 남은 내 시간을 조금 더 양보해도 괜찮을 것 같다.

에너지해석 개요

The Optimal Energy Solution
ENERGY#

1. 기본 정보

기본 정보	건 물 명	e블레시옴 화희율원		
	국 가 명	대한민국	시/도	전북
	상세 주소	전라북도 정읍시 입암면		
	건 축 주			
건축 정보	대지면적(㎡)	430	건물 용도	단독주택
	건축면적(㎡)	123.81	건 폐 율	28.79%
	연면적(㎡)	196.77	용 적 률	45.76%
	규모/층수	지상2층		
	구조 방식	일반목구조		
	내장 마감	친환경페인트, 합지		
	외장 마감	외단열미장마감		

설계 정보	설계시작월	2015년 9월	설계종료월	2015년 11월
	설계사무소			
	설비설계			
	전기설계			
	구조설계			
	에너지컨설팅			

시공 정보	시공시작월	2015년 12월	시공종료월	2016년 6월
	시 공 사			
입력 검증	검증기관	(사)한국패시브건축협회		
	검 증 자		(서명)	
	검 증 일			
	Program 버전	에너지샵(Energy#) 2016 v1.1		

2. 입력 요약

기후 정보	기후 조건	◇ 정읍 접지리 1232-8		
	평균기온(℃)	20.0	난방도시(kKh)	70.9
기본 설정	건물 유형	주거	축열(Wh/㎡K)	128
	난방온도(℃)	20	냉방온도(℃)	26
발열 정보	전체 거주자수	4	내부발열	표준지 선택
	내부발열(W/㎡)	4.38	입력유형	주거시설 표준지

면적 체적	유효실내면적(㎡)	121.7	환기용체적(㎡)	304.3
	A/V 비	0.75	(= 468.1 ㎡ / 620.9 ㎡)	

열관 류율 (W/ ㎡K)	지 붕	0.160	외벽 등	0.106
	바닥/지면	0.106	외기간접	-
	출 입 문	1.180	창호 전체	1.102
기본 유리	제 품	4PLT113(h) + 12Ar(soft) + 4CU(s) + 12Ar(soft) + 4CL(h) + 12Ar(soft) + 4PLT113(h)		
	열관류율	0.680	일사획득계수	0.42
기본 창틀	제 품	Veka MD		
	창틀열관류율	1.000	간봉열관류율	0.027

환기 정보	제 품	Aircle_r350 - SHERPA		
	난방효율	75%	습도회수율	60%

3. 에너지계산 결과

			에너지성능검토 (Level 1/2/3)
난방	**난방성능** (리터/㎡)	**2.2**	↑ 15/30/50
	난방에너지 요구량(kWh/㎡)	**22.17**	Level 2
	난방 부하(W/㎡)	**16.0**	
냉방	냉방에너지 요구량(kWh/㎡)	27.03	Level 2
	현열에너지	11.73	↑ 19/34/44
	제습에너지	15.29	
	냉방 부하(W/㎡)	18.8	
	현열부하	8.6	
	제습부하	10.3	
총량	총에너지 소요량(kWh/㎡)	38.8	
	CO2 배출량(kg/㎡)	15.6	↓ 120/150/180
	1차에너지 소요량(kWh/㎡)	12	Level 1
기밀	기밀도 n50 (1/h)	0.63	Level 2
검토 결과	(Level 2) Low Energy House		↑ 0.6/1/1.5

연간 난방 비용

382,900 원

연간 총에너지 비용

895,500 원

17 행복을 담는 집

건축정보

용도	단독주택(3.0리터)	창틀 제조사	kommering88
건축물주소	용인시 기흥구 동백동	창틀 열관류율	1 W/㎡·K
건축물이름	e블레시움 행담재	유리구성	5TePlus1.3+16Ar +5CL+16Ar +5TePlus1.3
설계사	㈜풍산우드홈		
시공사	㈜풍산우드홈	유리 열관류율	0.68 W/㎡·K
대지면적	486㎡	창호 전체열관류율 (국내기준)	0.948 W/㎡·K
건축면적	86.99㎡		
건폐율	17.90%	유리 g값	0.47
연면적	119.85㎡	현관문 제조사	엔썸
용적률	24.66%	현관문 열관류율	1.18 W/㎡·K
규모	지상 2층	기밀성능(n50)	0.77 회/h
구조방식	일반목구조	환기장치 제조사	셀파
난방설비	보일러	환기장치효율 (난방효율)	70%
주요내장재	합지벽지		
주요외장재	외단열미장마감	난방면적	118㎡
외벽구성	비드법보온판 1종3호 +합판+글라스울 +석고보드	난방에너지요구량	30.15 kWh/㎡·a
		난방부하	19.5 W/㎡
외벽 열관류율	0.132 W/㎡·K	1차에너지소요량	108 kWh/㎡·a
지붕구성	목재+글라스울	계산프로그램	에너지샵(Energy#) 2016 v1.3
지붕 열관류율	0.133 W/㎡·K		
바닥구성	하우스파일+목구조 +압출법단열재+몰탈	인증번호	2016-P-010

출처 (사)한국패시브건축협회

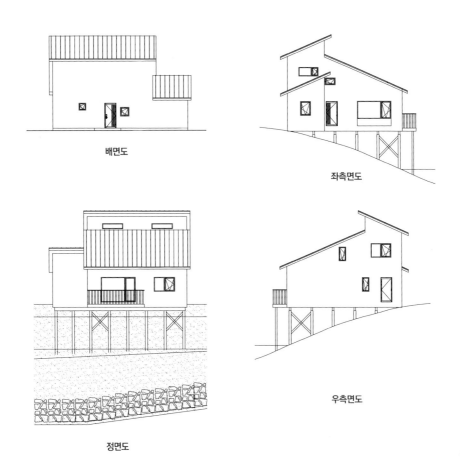

배면도

좌측면도

정면도

우측면도

 설계포인트

주택의 바닥면이 지면에 직접 닿지 않아 겨울철 지면에서 올라오는 냉기를 원천적으로 차단하고, H5 등급의 방부목을 주택지지 기둥으로 사용함으로써 기둥에서 생길 수 있는 열교를 최소화하고, 주택의 바닥면 단열을 강화하는 공법으로 겨울에는 따뜻하고 여름에는 시원하도록 시공했다.

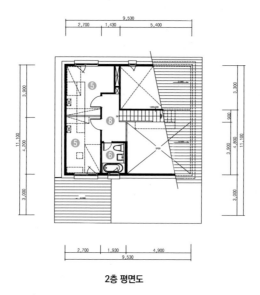

2층 평면도

1층 평면도

❶ 거실 ❷ 주방 ❸ 식당 ❹ 안방 ❺ 침실 ❻ 욕실 ❼ 드레스룸
❽ 복도 ❾ 현관 ❿ 다용도실 ⓫ 창고 ⓬ 데크 ⓭ 보일러실

행복을 담는 집 용인 3리터

이 집의 건축주는 건축박람회 참가 중에 만났다.
건축주는 패시브하우스에 대해 전혀 모르는 상태였지만
따뜻하고 쾌적한 집을 짓고 싶은 마음이
한눈에 보일 만큼 진지하고 적극적이었다.

젊어서일까?
집을 짓고자 하는 마음도 마음이지만
그 바탕엔 합리적 사고가 단단히 자리 잡고 있었다.
젊은 건축주는 본인이 가진 조건들을 지금까지 구체적으로 설명했고
나 또한 그가 가진 궁금증에 하나하나 자세하게 답을 해주었다.

건축주는 국내 최대의 전원주택 단지인 향린동산에 땅을 샀는데
도로 건너 호수가 내려다보이는 급경사지였다.
경사지에 집을 지으려면 대개는 성토 작업으로 땅을 평탄화하지만

건축주 한마디

우리 집은 3리터 인증주택이다. 인증된 집이라 다른 걱정할 게 없다. 일반적으로 집을 짓게 되면 우리가 검증할 수 있는 게 하나도 없고 업자가 잘 지었다고 하면 그런가보다 믿을 수밖에 없는데, 3리터 인증 주택으로 짓겠다고 결정한 순간부터 건축주는 걱정할 게 없는 거다. 그만한 결과가 나와야 협회에서 인증을 해주니까 집을 잘 지었는지 못 지었는지 의심할 게 없다. 살아보니 아이들이 먹다 흘린 과자 부스러기나 머리카락 같은 것 말고 밖에서 유입되는 먼지가 없다. 예전에 살던 집에는 청소한 지 하루만 지나도 가구나 물건 위에 뽀얗게 먼지가 쌓였는데 이 집에 와선 그런 게 없다. 열회수환기장치가 있어 겨울철 문을 열지 않아도 환기가 된다는 것도 장점이고 밖에 나갔다 들어오면 집안이 쾌적해서 좋다.

● 경사가 상당한 부지에 국내 패시브하우스 사상 처음으로 하우스파일 공법으로 지은 주택이다.
건축주는 당호를 '행담재'라 지었다. '행복을 담는 집'이라는 뜻이다.

● 집 뒤편은 일반주택과 다르지 않으나 행담재만의 특별함이 있다.

이 땅은 경사도가 22.5도에 달해 석축을 쌓으면 바닥 면적이 작아져
활용성 면에서 불리한 상태였다.
게다가 향린동산의 자체 건축심의와 규약에
자연과 단지에 순응, 조화를 이루어야 한다는 조항도 염두에 두어야 했다.

그래서 경사면에 파일을 올려 집의 바닥을 띄우고
아래 공간을 활용하는 것에 중점을 두면 어떨까 하는 생각이 들었다.
그로 인한 표면적의 증가를 설명하니 건축주는 금세 이해했다.
그리고 하우스파일 공법으로 지어진 일반주택 중 한 곳을 방문한 뒤
우리와 손을 잡기로 결정했다.

집에서 빠져나가는 열이 가장 많은 곳은 천장,
그다음이 벽체, 바닥 순이다.
하지만 바닥을 띄워 집을 지을 경우
일반적인 주택처럼 땅속의 일정한 온도를 확보할 수 없다.
바닥이 외부에 노출되므로 불리한 조건인 것이다.

그래서 바닥 단열재를 200밀리로 깔고
그 위에 다시 합판
그리고 그 위에 또다시 단열재를 추가한 후 엑셀파이프 시공을 했다.
패시브하우스로는 처음 시도하는 하우스파일 주택이라
참고할 기준은 없었지만
열관류율 수치와 경험치를 토대로 결과를 추론해 냈다.

단열을 확보한 후에는 다시 바닥 기밀에 최선을 다했다.
그건 일반적인 패시브하우스보다
기밀 테이프가 훨씬 더 들어가는 고밀도의 작업이었다.

● 하우스파일 공법으로 지어진 집의 특성상 계단을 내려와야 마당이 나온다.
자녀를 위한 예쁜 놀이 공간으로 활용되고 있다.

모든 공정이 끝나고 눈앞에 우뚝 선
국내 최초의 하우스파일 공법의 패시브하우스는
주변의 어느 집보다 특별해 보였다.

경사면에 띄워진 집의 형태도 그렇지만
어린 두 딸을 키우는 젊은 건축주 부부의 상상력은
독창적인 내부구조를 만들어냈다.

어린 두 딸이 밝게 웃으며 재미난 시간을 가질 수 있도록
1,2층 곳곳에 비밀공간을 만들고
향후 변할 수 있는 생활방식을 고려해 공간을 가변성 구조로 설계한 것이다.

준공하고 입주한 건축주 부부를 만나보니

기존의 아파트 생활과 패시브하우스의 차이를 세세히 들려주었다.

겨울이면 약하게나마 24시간 보일러를 돌리고 살아야 했던 아파트 생활,

아침에 일어나면 창문 가득한 결로와 창틀에 고인 물을 보며

한 번도 쾌적함을 느껴보지 못했는데

패시브하우스에 살면서 추운 날씨에도 창문에 결로가 없다는 점에 놀랍다고 했다.

열회수환기장치에 의한 긍정적 영향도 즐겁게 들려주었다.

아이들이 먹다 흘린 과자 부스러기나 머리카락 같은 것을 청소할 뿐

가구나 창틀에 먼지가 쌓이지 않아 신기했다는 생활 경험에

특히 추운 겨울 창문을 열지 않고도

깨끗한 공기로 가득한 실내의 쾌적함을 이야기하며 점수를 후하게 주었다.

집 바닥면 아래 데크의 활용도도 높았다.

● 파일로 지탱되는 주택의 아랫부분은 건축주 가족의
또 다른 행복 공간이 됐다. 모닥불도 피우고 그네도 타는
가족의 소소한 일상을 자랑한다.

● 계획했던 3리터 패시브하우스로 인증을 받았다.
처음으로 시도하는 하우스파일 패시브하우스는
이렇게 첫발을 떼었다.

● 거실엔 동쪽과 남쪽에 큰 창을 냈다. 주택 주변이 녹지가 많아 계절이 바뀔 때마다 다른 풍경을 감상할 수 있다.
2층으로 오르는 일자계단 아래 데드스페이스에 수납공간을 만들었다.

● 2층에는 딸들이 재미난 시간을 가질 수 있도록
미끄럼틀이 있는 비밀스러운 놀이터를 만들었다.

● 이 공간은 두 딸이 성장해 각자의 방이 필요할 때
둘로 나눌 수 있도록 설계했다.

● 안정감을 주는 크림색 수납 가구를 배치한 주방.
주방 안쪽으로는 보조주방을 만들어 실용성을 높였다.

잔디밭에 대한 아쉬움 대신
다른 집에 없는 특별함을 가진 집으로 재해석한 건축주 부부는
취미인 캠핑 분위기를 그곳에 옮겨 즐기고 있었다.

아이들과 나뭇가지를 주워 불을 피우고
고기를 구워 먹고
저녁이면 불가에 마주 앉아 하루를 정리하는 게 일상이 된 젊은 부부.

늘 바삐 동동거리며 사는 게 다반사인 인생으로 늙어
뒤로 지는 노을 한번 제대로 보지 못하는 요즘 시절에
이 젊은 건축주 부부의 삶은 자유스럽고
작으나마 여유를 누리는 특별한 전환점에 선 듯 보였다.

● 하우스파일 시공 과정

● 이 집은 패시브하우스로는 최초로 하우스파일
공법으로 지어졌다.

● 경사면에 파일을 박고 그 위에 집을 올리는
방식으로 바닥 단열에 특히 신경을 써야 한다.

● 드론으로 촬영한 공사 현장.

누군가의 인생에 특별한 전환점이 되는 집.
그런 집을 짓고 있다는 자부심이 어제에서 오늘로,
또 오늘에서 내일로 이어지길 바라는 소망은 하루도 변한 적이 없다.

이 집의 당호는 '행담재'
행복을 담뿍 담는 집이라는 설명을 들으며
담기고도 넘치길 진심으로 기원했다.

에너지해석 개요

The Optimal Energy Solution
ENERGY#
Copyright (c)2016. Sungho Bae. All rights reserved

1. 기본 정보

기본 정보	건 물 명	e블레시움 행담헌			
	국 가 명	대한민국	시/도		경기
	상세 주소	경기도 용인시 기흥구			
	건 축 주				
건축 정보	대지면적(㎡)	486	건물 용도		단독주택
	건축면적(㎡)	86.99	건 폐 율		17.90%
	연면적(㎡)	119.85	용 적 률		24.66%
	규모/층수	지상2층			
	구조 방식	일반목구조			
	내장 마감				
	외장 마감				

설계 정보	설계시작월		설계종료월	
	설계사무소			
	설비설계			
	전기설계			
	구조설계			
	에너지컨설팅			

시공 정보	시공시작월		시공종료월	
	시 공 사			
입력 검증	검증기관/번호	(사)한국패시브건축협회		
	검 증 자		(서명)	
	검 증 일			
	Program 버전	에너지샵(Energy#) 2016 v1.3		

2. 입력 요약

기후 정보	기후 조건	◇ 동백동 81-144		
	평균기온(℃)	20.0	난방도시(kKh)	78.3
기본 설정	건물 유형	주거	축열(Wh/㎡K)	60
	난방온도(℃)	20	냉방온도(℃)	26
발열 정보	전체 거주자수	4	내부발열 입력유형	표준지 선택 주거시설 표준지
	내부발열(W/㎡)	4.38		

면적 체적	유효실내면적(㎡)	118.1	환기용체적(㎡)	290.8
	A/V 비	0.95	(= 427.6 ㎡ / 451.5 ㎡)	

열관류율 (W/ ㎡K)	지 붕	0.133	외벽 등	0.132
	바닥/지면	-	외기간접	0.217
	출 입 문	1.180	창호 전체	0.948
기본 유리	제 품	5TePlus1.3 + 16Ar + 5CL + 16Ar + 5TePlus1.3		
	열관류율	0.680	일사획득계수	0.47
기본 창틀	제 품	Kommering88		
	창틀열관류율	1.000	간봉열관류율	0.03

환기 정보	제 품	SHERPA		
	난방효율	70%	냉방효율	55%
	습도회수율	60%	전력(Wh/㎡)	0.428

3. 에너지계산 결과

난방	난방성능 (리터/㎡)		3.0	에너지성능검토 (Level 1/2/3) ↓ 15/30/50
	난방에너지 요구량(kWh/㎡)		30.15	Level 3
	난방 부하(W/㎡)		19.5	
냉방	냉방에너지 요구량(kWh/㎡)		20.37	Level 2
		현열에너지	14.34	↑ 16.8/31.8/41.8
		제습에너지	6.04	
	냉방 부하(W/㎡)		11.8	
		현열부하	7.6	
		제습부하	4.2	
총량	총에너지 소요량(kWh/㎡)		80.9	
	CO2 배출량(kg/㎡)		26.4	↓ 120/150/180
	1차에너지 소요량(kWh/㎡)		108	Level 1
기밀	기밀도 n50 (1/h)		0.77	Level 2
검토 결과	(Level 3) Low Energy House			↑ 0.6/1/1.5

연간 난방 비용

511,400 원

연간 총에너지 비용

1,168,700 원

18 작은집에 가득한 행복

제천 저에너지 하우스

건축정보

용도	단독주택
건축물주소	충청북도 제천시 백운면
시공사	㈜풍산우드홈
대지면적	755㎡
건축면적	56.75㎡
건폐율	7.52%
연면적	56.24㎡
용적률	7.45%
규모	지상 1층
구조방식	경량목구조
난방설비	기름보일러
주요내장재	합지벽지, 원목루버
주요외장재	외단열미장마감
창틀 제조사	토네이도시스템
현관문 제조사	캡스톤

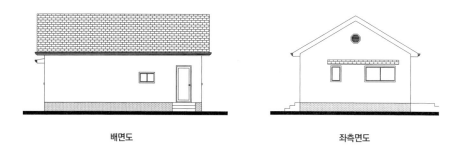

배면도   좌측면도

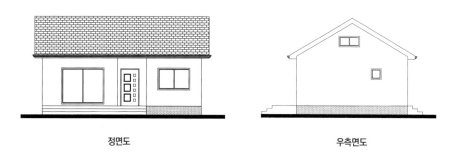

정면도   우측면도

 설계포인트

군더더기 없는 외관에 현실적이고 실용적인 공간으로 박스형 구조에 박공지붕의 형태를 살려 거실 천장고를 높이고 안방 위에 다락방을 두어 세로 공간을 최대한 활용했다. 거실과 다락이 연결되는 천장 면 전체를 원목 루버로 마감하여 조습에 도움이 되도록 했으며, 작은 면적이지만 답답하지 않도록 신경 썼다. 주택과 마당의 연결 공간에 데크를 설치해 드나듦이 편리하도록 했다.

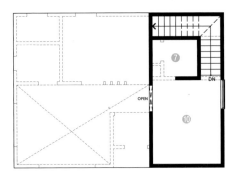

2층 평면도

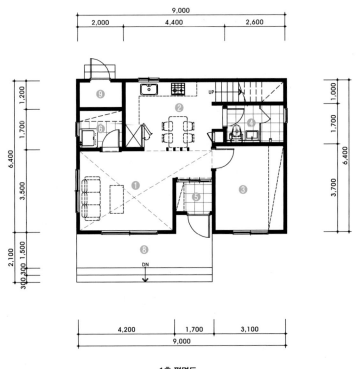

1층 평면도

❶ 거실 ❷ 주방 및 식당 ❸ 안방 ❹ 욕실 ❺ 현관 ❻ 다용도실 ❼ 창고 ❽ 데크 ❾ 보일러실 ❿ 다락

작은 집에 가득한 행복 제천 저에너지 하우스

이 건축주는 전화 상담부터 인상적이었다.
뭔가 무장이 된 느낌이었달까.

제천에 땅을 사 놓았는데 17평 패시브하우스로 짓겠다고 했다.
본인이 알고 있는 패시브 자재와 우리 회사가 쓰는 자재,
그리고 공법 차이와 비교치 등을 상세하게 물었다.
1시간에 가까운 통화는 빽빽한 문답으로 가득 찼지만
그래도 미진한 구석이 있을까 싶어 나는 회사 방문을 권유했다.

며칠 후 회사를 방문한 건축주는
내 앞에 모눈종이 위에 그린 바닥도면을 내밀었다.
거실과 방, 주방, 화장실, 다용도실과 보일러실로 구성된 도면을 설명하며
그 위에 작은 다락이 하나 있었으면 좋겠다고 했다.
딱 있어야 할 것으로만 구성된 미니멀 하우스였다.
장성한 아들이 독립을 앞둔 터라 집이 클 필요가 없다고 했다.

 건축주 한마디

제천은 강원도보다 더 춥다고 하는 지역이다. 겨울이면 마을에 주유차가 빈번하게 들어오지만, 우리 집은 단골이 아니다. 실내온도를 20도로 설정하면 난방과 온수로 소요되는 기름은 1년에 4드럼. 70여만 원으로 해결된다. 아늑하고 따뜻한 느낌에 방문하는 사람마다 보일러를 많이 돌리냐는 말을 할 때 저에너지 주택으로 짓길 참 잘했다는 생각이 든다. 내 돈 내고 기름을 때면서 가져야 했던 죄책감과 스트레스가 적다는 것은 기본적으로 평안할 수 있는 좋은 조건임이 분명하다.

● 아스팔트슁글 소재의 박공지붕과 스타코플렉스로 마감한 환색의 외벽이 깔끔하다.

사실 벌써 수년 전부터 주택의 소형화가 현실이 되고 있다.

이제는 더 이상 자식이 결혼할 때까지 함께 사는 세상이 아니어서

1인 가구,

혹은 단출하게 부부가 사는 실용적인 집에 대한 고민이 본격화된 느낌이다.

이제 단독주택도 그게 도시든 시골이든 그 영향권에 들었다고 생각한다.

초기 전원주택 바람이 불 때 건축주들이 원하는 면적은 너무 컸다.

너른 잔디 정원에 60~80평대의 집이 대세였다.

대형 평수의 공간은 주된 가족을 위한 공간에 예비공간이 더해진 구성이었다.

서재, 음악실, 재봉실 같은 취미 영역과

출가한 자녀의 가족이 방문했을 때 머물 수 있는 방과 손님을 위한 방 등

하지만 그렇게 지어진 집들은 얼마 못 가 매물로 나오기가 일쑤였다.

● 집의 전반적인 모습은 전형적인 패시브하우스의 박스형이지만
건축주가 어릴 적 즐겨 그렸던 '우리 집'의 모습이라고 한다.

● 남쪽 측면에 거실 창과 다용도실 창이 보인다.
창문 위에는 눈썹 처마를 두어 여름철 햇빛과 빗물이 들이치는 것을
막을 수 있다.

● 도로 아래쪽에 둥지처럼 위치해
마당으로 들어서려면 널찍하고
편안한 경사의 목조계단을 내려가야
한다. 오른쪽의 우편함은 건축주가
직접 만들고 색을 칠했다.

패시브하우스가 아닌 일반주택이
감당해야 할 에너지 비용이
어마어마했기 때문이다.
한겨울을 나는데 난방비만
월 100만원 이상을 감당해야 하니
그 부담은 꿈꿔 왔던 전원생활을
아쉽게 접는 결론으로 이어진 것이다.

제천의 건축주는
이런 경험을 한 건 아니었지만,
굉장히 현실적인 사고방식의
소유자였고 확고했다.

● 거실엔 두 벽에 창을 설치해 조망과 채광에
유리하다. 박공지붕 형태를 그대로 살린 높은 천장은
실내의 개방감을 높여 넓어 보이는 효과를 준다.

이미 오래 전부터 시골에 작은 집 짓기를 계획하고 있었던 건축주는
갖가지 재료의 시공법을 검색하고 조사를 마친 후였는데
그런 과정에서 패시브하우스를 지어야겠다는 결론을 내린 것이다.

하지만 건축주가 가진 자금으로 패시브하우스는 불가능했다.
유감스럽게도 작은 주택일수록 평당 단가가 높기 때문이다.
집이 작다고 주방이나 욕실의 규모를 딱 반으로 줄일 수도 없는 일이고
처마를 반만 낼 수도 없기 때문이다.
아무리 작은 집이라도 생략해야 할 공정이나 과정은 없다.

나는 건축주에게 솔직하게 이야기 했다.

● 박공지붕 형태를 그대로 살린 높은 천장을 루버로 마감하고 짙은 회색의 포인트 벽지로 강조한 벽이 세련됐다.
상단에 다락과 연결된 창이 보인다.

● 정리해 둔 물건들을 한눈에 보고 그때그때 사용하기 편하도록 주방 상부장을 오픈형으로 설치했다.

● 방에는 장롱 외의 가구를 들이지 않았다.
고정 가구가 차지하는 면적을 최소화하여 때에 따라 공간의 용도를 자유롭게 쓰고자 했다.

● 다락 창을 통해 내려다본 모습.

"그 금액으로는 패시브하우스가 어렵습니다.
하지만 그 아래 단계인 저에너지 하우스는 가능합니다."

건축주는 잠시 실망하는 듯했지만 이내 수긍을 했다.
처음 찾아간 시공사에선 모든 것이 가능한 것처럼 이야기 하다가
견적 단계에서 껑충 뛴 금액을 제시했다는 것이다.
그리고 싸게 부르는 가격으로 좋은 집을 지을 수 없다는 것은
이미 부모님 집을 지으면서 알게 되었다 했다.

건축업을 하는 가까운 친척에게 맡겨 지은 부모님의 집은
외형은 번듯했으나 여름엔 덥고 겨울엔 추웠다.
그리고 천장 누수로 여러 차례 하자 보수를 해야 했다는 것이다.
아무리 가까운 친척이라 해도 집을 짓는 일이 재능기부가 아닌 이상
자신의 이윤을 깎아 훌륭하게 지어주지 않는다는 사실을
건축주는 이미 경험을 통해 알고 있었다.

"믿겠습니다.
다만 안심할 수 있게 잘 지어주십시오."

강원도와 인접해 춥기로 유명한 제천,
거기에 천등산 중턱쯤에 위치한 작은 전원주택 마을은
이제껏 보지 못한 매우 뛰어난 풍광을 자랑했다.
그곳이 저에너지 하우스가 들어설 자리다.
아무리 저에너지 하우스라 해도
지역 날씨와 환경을 고려하면 더 신경써야 하는 조건이다.

그동안 우리 회사에서 지었던 집 중 제일 작은 면적이 35평이었는데

그 절반에도 못 미치는 17평 작은 집을 짓는 일은 참 생경한 일이었다.
작지만 알찬 집을 만들어 내야 했다.

우선 작은 면적이 답답해 보이지 않도록 거실의 천장고를 높이기로 하고
욕실 천정 면에 다락으로 올라가는 계단실을 배치해 공간효율을 꾀했다.
다락은 박공지붕 모양을 살리고 원목루버로 마감해
거실의 개방성과는 다른 아늑함을 살려보기로 했다.
작아도 공간에 따라 다른 느낌이 들길 희망하는 건축주의 정서를 반영한 것이다.

건축주는 주방이며 욕실의 타일 같은 내부 소재를 선택할 때도 신중했다.
'단가가 비싸도 견고해야 하며 미끄럽지 않은 재질일 것'
모든 것에 심사숙고하는 중년의 생각은
차후 노년을 내다보며 더욱 안전을 확보한 집이길 바랐다.

설계 중에 느낀 것이 있다면
'작은 집이 더 어렵구나.'였다.
소형 평수가 추세가 될 시점에 대비
이 집은 앞으로 이어질 두 번째 세 번째의 바른 모델이 되어야 하고
변하는 현실에 새로운 준비로서의 의미도 상당하다는 생각이 들었다.

그리고 내가 패시브하우스의 전도사를 자처하고
늘 입에 패시브하우스를 달고 살지만
아직 현실적으로 패시브하우스를 모르는 사람도,
또 신기루처럼 여기는 사람들이 많은 것이 현실인 상황에서
소형 저에너지 하우스는 일반주택보다 만족도는 훨씬 높고
패시브하우스보다 예산 접근성은
편안한 방향 제시가 될 수 있을 것 같았다.

● 건축주에게 다락방은 꿈의 공간이라 했다.
낮은 천장이 주는 안정감과 루버로 마감된 공간은 아늑하여 향수를 부르기에 충분하고 방문객들에게도 인기다.

작지만 의미 있는 17평 저에너지 하우스.
그러니만큼 어느 현장보다 소홀할 수 없는 이유가 충분했다.
대형 평수도 뚝딱뚝딱 패시브하우스로 지어내는 기술자들이 갸우뚱할 만큼
내 관심은 잦은 현장 체크로 현장의 작업자와 이심전심이 되기를 희망했다.

11월에 첫 삽을 뜬 현장에
2월 중순 드디어 아담하고 예쁜 집이 봄처럼 들어섰다.
허세와 과장이 없는 단아한 작은 집.
이 집을 완성하기 위해 건축주와 견적을 내던 시간이 머리를 스쳐 지나갔다.
예산에 맞추되 기능적 요소를 충실히 반영해야 했기에

중요도를 따져 어느 걸 줄이고 어느 걸 보강하느냐
하나하나 건축주에게 설명하고 이해시켰던,
작아서 더 진지할 수밖에 없었던 내 마음이 잘 전해졌을까.

입춘이 지났어도 아직 오락거리는 눈발이 잦은 산 중턱 작은 집에서
과연 어떤 소식이 전해져 올까 몹시 궁금하던 차에 건축주에게 연락이 왔다.

"바깥엔 바람이 쌩쌩 부는데
집안에 햇빛이 가득 들어 실내온도가 26도나 되요.
설계 단계에서 에너지 효율적인 방법을 제시해 주셨을 때
실은 예산 때문에 망설였는데 말씀 듣기를 참 잘한 것 같아요."

● 흰색의 3연동 중문을 설치한 현관.

● 다용도실은 애초에 가전제품 배치를 염두에 두었다.
가로로 길게 앵글선반을 설치하고 직접 만든 가리개를
달아 깔끔하게 정리했다. 바닥의 단차는 잦은 물일에
편리하다.

유난히 솔직한 건축주는 사소한 하나에도 감사를 잊지 않았고
나 또한 그런 마음이 고마워
작은 면적 적은 이윤에 상관없이 소중한 인연이 됨에 흐뭇했다.

하지만 나는 살아보지 못한 17평이 어떻게 꾸려지는지 궁금했다.
과연 생활하는 데 불편함이 없을까?
어느 날 실례를 무릅쓰고 불쑥 방문을 감행했다.
그리고 절제된 살림으로 공간을 물건에 빼앗기지 않는 규모를 유지하며
전용보다 겸용의 합리성에 만족감을 표하는 건축주의 모습을 보았다.
건축주는 요즘 흔히 말하는 미니멀라이프를 이상적으로 실현하고 있었다.

"이런 곳에 왔으니 텃밭 하나는 일구려고요.
집 옆에 작은 조립식 창고 하나만 들이면 될 것 같습니다."

크고 그득해도 부족함을 느끼는 사람이 태반인데
이 집의 주인은 작은 집에 큰 행복을 담고 사는 이상한 재주가 있어 보였다.

수많은 건축주를 만나고 집을 지었던 시간.
내가 지었다는 성취감보다
그 집에 가득한 행복감에 점점 더 전율하는 나를 느낀다.
그제야 '완성된 집'으로 받아들여지나 보다.

19 | 새로움은 도전의 이유

서초 제로에너지 하우스

건축정보

용도	단독주택
건축물주소	서울시 서초구 서초동
시공사	㈜풍산우드홈
대지면적	402.70㎡
연면적	534.98㎡
용적률	74.62%
규모	지층 및 지상 2층
구조방식	철근콘크리트조, 경량목구조 및 중목구조
난방설비	도시가스보일러, 지열시스템 및 지열보일러
복사냉난방시스템	UPONOR
주요내장재	친환경 페인트, 규조토, 편백루버
주요외장재	외단열미장마감, 적삼목사이딩, EL징크, 이페원목
창틀 제조사	이건창호
현관문 제조사	우드플러스
환기장치 제조사	삼화에이스, HIDEW제습환기유니트
태양광발전 용량	3 kWp

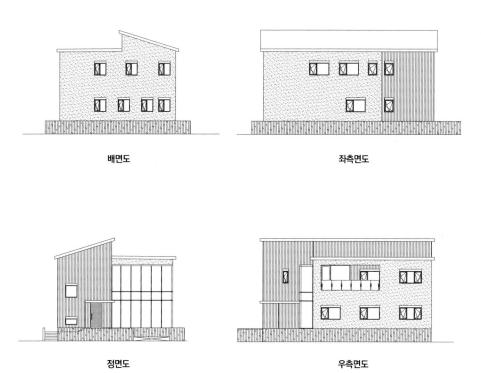

배면도

좌측면도

정면도

우측면도

 설계포인트

우리나라에서는 아직 생소한 복사냉난방시스템을 적용한 단독주택이다. 이 집은 이탈리아산 열회수환기장치를 설치해 여름철 제습기능까지 할 수 있다. 집에 대한 투자가 꼼꼼한 건축주의 의견을 반영해 천연 광물질이 주원료인 규조토 페인트 그리고 편백루버로 마감한 천장과 벽, 독립성을 보장하는 구조와 인테리어로 여타의 주택과 다른 특별함을 지녔다. 인증 패시브하우스 5대 요소 중 엄격한 단열과 기밀, 외부차양장치, 열회수환기장치를 달아 4가지를 충족시켰다. 거기에 지열시스템과 태양광을 설치해 패시브를 넘는 제로 에너지에 가까운 성능의 주택이지만, 건축주가 선호하는 미닫이 창호를 달아 패시브하우스 인증 자격에서는 제외되었다.

2층 평면도

1층 평면도

❶ 주차장 ❷ 현관 ❸ 계단실 ❹ 거실 ❺ 주방 ❻ 식당 ❼ 안방 ❽ 부부침실 ❾ 침실
❿ 욕실 ⓫ 드레스룸 ⓬ 복도 ⓭ 가족실 ⓮ 아트리움 ⓯ 다용도실 ⓰ 세탁실 ⓱ 데크

새로움은 도전의 이유 서초동 저에너지 하우스

아직 패시브하우스에 대해서도 생소하게 느끼는 사람들이 많은데
이 집은 패시브하우스보다 기능적 요소가 더 적용된
제로 에너지 하우스에 가까운 집이다.

어느 날 한국패시브건축협회의 회원사에서 연락이 왔다.
그 회원사가 공사내용이 어려워
견적 중 포기했다는 것이다.
그런 현장을 맡는다는 것은 상당히 골치 아픈 일이라 마음이 동하지 않았다.
그런데 그런 내 마음이 그 집에 들어갈 시스템에 대해 들으면서
바짝 흥미가 당기고 말았다.

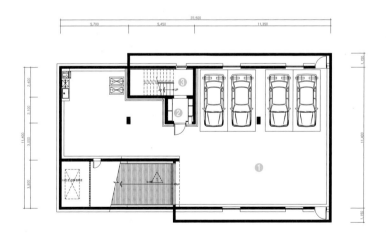

지하 1층 평면도

● 도로와 접한 경계를 높여 집을 지었다. 따라서 지하 주차장의 입구도 더 높게 확보할 수 있었다.
전면 벽에 유리 커튼월을 설치하고 옆쪽에는 목재사이딩으로 마감했다.

패시브하우스 3리터 이하 사양으로 설계된 이 집은
신재생에너지인 태양광과 지열설비를 채택했다는 것이었다.
태양광 설치는 이미 꽤 알려져 보급된 상태지만
개인 집에 복사 냉난방시스템 설치를 한 예는 드문 경우라
예사롭지 않은 공사임을 짐작했고
그런 공사를 하면 여러 가지 시스템을 배울 수 있겠다는 생각을 했다.

현장을 가 보았다.
구옥을 철거한 자리에 지열시스템을 위해 천공을 하고
1차 토목을 진행하고 있었던 상황이었음이 한눈에 들어왔다.

이 예사롭지 않은 현장의 건축주는 도대체 어떤 사람일까.
건축주는 반도체 클린룸과 열교환기를 포함한 환기장치 업체의 대표였다.
아, 그러니 그럴 만했구나.

● 현관 위에 캐노피를 설치했다. 캐노피에 깊이를 주어 안정감을 주는 동시에 색상으로 포인트를 주었다.

이 집에 계획된 모든 설비는 최신에
최고 성능을 자랑하는 것들이었다.
일일이 열거하기 어려울 만큼 소소한
것부터 정밀성을 요구하는 것들까지
일반적인 자재나 장비의 수준을 벗어나
있었다.

● 나선형 계단을 설치해 옥상으로
올라갈 수 있다.

그중에서도 내 관심을 끈 것은 위에서도
언급했듯이 바로 지열시스템과 복사 냉난방시스템이다.
내 눈앞에 펼쳐진 도면을 보는 순간
더 이상 고민이고 결정이고 다 필요 없어졌다.
앞으로 지을 어느 집에 적용될 수도 있는 요소로 채워진 현장.
그 새로운 기술적인 요소를 배울 수 있는 현장이 될 테니
내게는 긴요하고 고마운 학습장인 것이다.

● 무절 히노끼 천장에 일정한 간격을 두고 긴 라인 조명을 디자인화했다. 팬을 설치하여 공기 순환과 멋을 겸비했다.

태양광도 에너지원으로 참 중요하지만
지열 또한 무시할 수 없다.
태양광은 해가 있고 없고에 따라 에너지 생산에 변화가 있지만
지열은 약 15도라는 일정한 온도를 유지하기 때문에
바닥에 파이프를 묻고 이 에너지를 활용하면
냉난방에 상당히 유리한 것이다.

난방에너지는 전체 에너지의 약 65%를 차지할 만큼 비중이 큰데
햇빛, 지열과 같은 신재생 에너지를 활용할 경우
화석 에너지 사용을 획기적으로 줄이며
사는 내내 쾌적한 온도를 보장 받을 수 있다.

이 집은 지열 히트펌프시스템을 채택해
냉난방은 물론 급탕시 예열도 가능한 장비를 설치했다.

● 아들 내외가 머무는 공간. 거실 문을 열면 외부 베란다로 통하고 남향으로 난 창문에 외부차양장치를 달았다.

물이 지열 히트펌프 온수 탱크를 통과하면
40~50도 정도가 되는데
더 높은 온도의 물이 필요할 때만 보일러를
가동하면 되는 것이다.

거기에 지하를 포함 1층과 2층에
각각 설치된 열회수환기장치는
이탈리아에서 공수한 것으로
이 장치가 국내 장치와 다른 점은 제습기능이다.
유감스럽게도 아직 국내 열회수환기장치는
제습기능이 없어
공기의 질과 온도에는 상당한 기여를 하지만
여름철 제습을 해결하려면 에어컨이나
제습기의 기능을 빌려야 하는 실정이다.

● 주방과 접한 공간엔 평소 방문객이
많은 특성으로 긴 테이블과 의자를
여럿 놓았다.

이런 완벽한 시스템으로 무장되어 있어도
건축주의 집에 대한 투자는 꼼꼼하기 그지없었다.
천연 광물질이 주원료인 규조토,
그리고 편백루버로 마감한 천장과 벽,
그리고 독립성을 보장하는 구조와 인테리어.

대공사였다.
집의 규모와 내용이 타 현장과 달라 신경쓰이는 것들이 많았던 시간.
지열시스템을 제외한 현장의 모든 것들이
난이도 높은 요구에 맞춰 하나씩 완성된 결과물인 것이다.
3대가 함께 살 이 집의 구석구석에 담긴 우리 작업자들의 애로가
완공된 모습에 투영되며 가슴이 뜨거워졌다.

이 완벽한 집에서 살게 될
건축주 부부와 아들 부부, 그리고 태어날 손주.
그들이 호흡할 공기와 쾌적하게 누리는 공간 안에
새로운 것이라면 물불을 안 가리는
어떤 사내의 무모함이 녹아 있는 것이다.

● 히트펌프와 지열을 이용한
발열판(수건걸이 뒤)은
장식성도 겸비했다.

● 패시브하우스에 적용된 요소를 표시했다. 사진에는 없지만 열회수환기장치도 설치되었다.

● 지열을 이용한 냉난방시스템을 적용했다. 땅속에서 약 12도~15도 온도의 에너지를 뽑아 올려 히트펌프라는 장치를 통해 냉방과 난방에 필요한 열을 만든다. 냉방에 필요한 열은 히트펌프를 이용하여 약 9도 정도로 낮추고 겨울철 난방은 히트펌프를 통해 40~50도의 열을 공급해 바닥을 따뜻하게 한다.

하지만
제로 에너지하우스에 가까운 이 집은 저에너지 하우스로 분류된다.
원래 3리터 이하로 계획된 집이었지만
건축주가 원하는 창호가 협회에서 인정하는 성능의 제품이 아니기 때문이다.

집을 패시브 성능으로 잘 지었다는 증명이 바로 인증이지만
건축주는 그런 것에 연연하지 않았다.
이는 우리 작업자들이 어떻게 지은 집인지 내용을 알기에
불안할 것도 확인할 것도 없는 남다른 여유로 이어진 것이 아닐까.
그게 비록 내 생각과 달리 단순한 취향으로 내려진 결정이라 해도
우리가 다한 최선이 서울 복판에 탄탄히 서 있다고
나는 그렇게 자부하고 싶다.

20 | 최선과 타협

건축정보

용도	단독주택(2.3리터)	유리 열관류율	0.5 W/㎡·K
건축물주소	전라북도 전주시 완산구	창호 전체열관류율 (국내기준)	0.841 W/㎡·K
건축물이름	e블레시움 효자동주택		
설계사	㈜풍산우드홈	현관문 제조사	엔썸
시공사	㈜풍산우드홈	현관문 열관류율	1.18 W/㎡·K
대지면적	512㎡	기밀성능(n50)	0.51회/h
건축면적	102.12㎡	환기장치 제조사	셀파
건폐율	19.95%	환기장치효율 (난방효율)	80%
연면적	198.64㎡		
용적률	38.80%	난방에너지요구량	23.28 kWh/㎡·a
규모	지상 2층	난방부하	18.7 W/㎡
구조방식	철근콘크리트, 일반목구조	1차에너지소요량	87 kWh/㎡·a
난방설비	도시가스보일러	계산프로그램	에너지샵(Energy#) 2016 v1.31
냉방설비	천정형 시스템에어컨		
주요내장재	친환경 벽지	태양광발전 용량	3 kWp
주요외장재	외단열미장마감		

출처 (사)한국패시브건축협회

외벽구성	비드법보온판 1종3호 +철근콘크리트 +시멘트몰탈
외벽 열관류율	0.191 W/㎡·K
지붕구성	목재+글라스울
지붕 열관류율	0.150 W/㎡·K
바닥구성	버림콘크리트+압출보온판 +철근콘크리트 +비드법보온판+몰탈
바닥 열관류율	0.217 W/㎡·K
창틀 제조사	VEKA
창틀 열관류율	1 W/㎡·K
유리구성	VEKA88(4Loe1+12Ar +4CL+8Ar+4CL +12Ar+4Loe1)

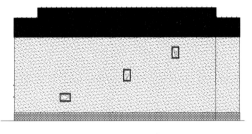

배면도

좌측면도

정면도

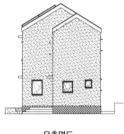

우측면도

 설계포인트

마름모 형태의 대지를 효율적으로 활용하는 데 중점을 두어 다용도실 앞에 휴게공간을 마련하고, 집 입구에 주차장을 배치하여 자투리땅을 최소화했다. 창고형 외관이지만 2층에 테라스 공간과 1층에 포치를 상하 배치하여 밋밋함을 보완했다. 채광을 고려한 실 배치를 기본으로 1층은 거실, 주방, 서재 등의 공용 공간을 배치하고 2층은 침실과 가족실 등을 배치하였다. 계단 아래와 코너 등에 수납공간을 확보하여 여러 가지 물건 등을 정리하는 데 편리하도록 했다. 패시브하우스 기본 요소 외에 태양광 패널을 설치해 에너지 효율 면에서 큰 도움이 된다.

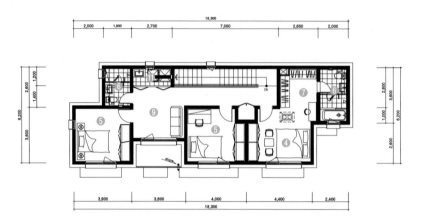

2층 평면도

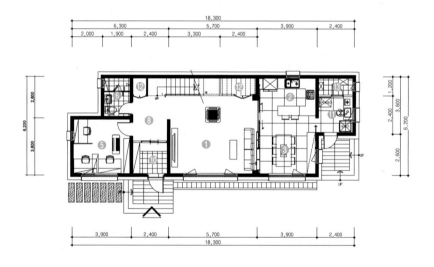

1층 평면도

① 거실 ② 주방 ③ 식당 ④ 안방 ⑤ 침실 ⑥ 욕실 ⑦ 드레스룸
⑧ 복도 ⑨ 가족실 ⑩ 현관 ⑪ 다용도실 ⑫ 창고 ⑬ 보일러실

최선과 타협 전주 효자동 2.3리터

건축주 부부는 의사였다.
그러니만큼 건강에 관심이 많았고
집과 연관된 고민으로 친환경 주택에 관심을 가지면서
패시브하우스를 알게 되었다.

내가 수십 채의 집을 지으면서 자부하는 바
친환경 주택의 맨 앞에 세우는 것이 목조주택인데
건축주 부부는 RC, 즉 철근 콘크리트로 구조로 짓고자 했다.

내가 아무리 그들이 지향하는 건강주택이 목조라 설명을 해도
그들은 이미 그렇게 정하고 추진한 일이라 그런지 흔들림이 없었다.
단지 나의 주장과 열의를 인정하여 1층과 2층은 콘크리트로 하고
지붕만 목조로 하는 것으로 타협(?)을 보았다.

기호성이라고 할까.
똑같은 구조로 지은 아파트를 들어가 봐도 각 집의 분위기가 다르다.
벽지가 다르고 가구가 다르고 또 배치가 다르다.
자연을 대해도 산이 좋은 사람 바다가 좋은 사람이 있듯
집의 재료에도 개인의 성향이나 개성이 반영되는 것이다.

내 생각에 아무리 목조가 가장 친환경적이라 해도
그들에겐 그들 나름의 이유가 있기 때문에

● 1,2층은 철근콘크리트 지붕은 목구조의 혼합구조로 지었으며, 남쪽을 향한 창문 배치로 일사취득의 효과를 극대화한 주택이다.

콘크리트로 결정한 이상 그 재료의 장점에 집중하고
단점을 커버하는 시공력을 발휘하여 집을 지어야 한다.

사실 콘크리트로 집을 지으면 기밀 확보가 매우 쉽다.
목조와 달리 벽체에 이음새나 틈이 없기 때문이다.
하지만 주방에서 음식을 만들며 나오는 수증기나
빨래가 마르며 나오는 수증기 등
생활에서 발생하는 습기가 빠져나갈 틈도 없다.

반면 목조주택은 각재나 합판 등을 연결해 짓기 때문에
기밀에 상당히 집중하여 작업해야 하는 어려움이 있지만
생활습기는 물론 기후에 따라 달라지는 습도를 조절하는 능력이 있어
쾌적한 실내 환경이 다른 재료보다 우수하다.

● 부지의 경사를 효과적으로 계획하여 집으로 들어서는 입구 옆에 주차장을 확보했다.

● 측면에서 본 모습으로 창문마다 눈썹처마를 설치해
여름철 햇빛을 차단하는 데 도움이 된다.

콘크리트가 유리한 또 한 가지는 점은 축열기능이다.

실내온도가 축열 되어 일정한 온도를 유지하기 때문이다.

이는 목조가 가진 단열 기능보다 좀 더 나은 장점으로 꼽을 수 있다.

● 현관 앞에 편안한 크기의 포치를 두었다. 눈썹처마와 같은 소재를 사용하여 안정되고 정갈한 느낌이다.

건축주와 타협한 콘크리트와 목조 혼합구조 패시브하우스는
각 재료가 가진 장점으로만 치면 매우 훌륭한 조합이다.
그러나 외면하고 싶은 단점을 최대한 줄이거나 방어하는 작업이야말로
건축주가 원하는 건강주택의 기능을 좌우하기 때문에
세밀하고 신중하게 작업해야 한다.

이미 많은 사람이 알고 있듯
콘크리트는 내부까지 마르는 데 약 2년 여의 시간이 걸리고
마르는 과정에서 발생하는 유해성분이 건강에 큰 영향을 미친다.
이것이 내가 가장 우려하는 점이기도 하다.

콘크리트로 집을 짓고 유해성분이 다 배출될 때까지 기다렸다가
입주를 하는 경우는 아직 보지 못했다.
이 집을 짓는 데는 약 6개월이 걸렸는데

● 주방과 거실 사이에 격자무늬 미닫이문를 설치해 필요에 따라 여닫을 수 있다.

콘크리트 골조 후 마르는 시간을 한 달이라도 더 벌어보자는 것이었다.
건강주택을 짓고 싶어 하는 건축주의 의지가 재료와 대립하니
나는 그게 마음에 걸려
할 수 있는 방법이라면 크든 작든 고려해야 할 책임을 느낀 것이다.

그래도 마음 한구석 크게 믿는 것은
패시브하우스의 필수 요소인 열회수환기장치였다.
끊임없이 집 안의 나쁜 공기를 배출하고
집 밖의 새 공기는 필터링을 통해 깨끗한 공기로 바꿔 공급하는 환기장치가
이 집에서처럼 고마울 데가 없었다.

재료 결정에서 크게 고민스러웠던 부분이 많았는데
지붕만큼은 목조로 얹는 것으로 결정하면서 공사를 착수했다.

● 미닫이를 열면 실내가 확장된 느낌이 들어 시원하다.
아일랜드테이블로 구성된 주방 전면에 큰 창을 배치해 개방감과 함께 밝고 쾌적한 느낌이다.

건축주가 원하는 대로 모든 것을 콘크리트로 하면 작업이 쉬웠다.
하지만 콘크리트로 세운 벽체에 목조 지붕을 얹는 것은
그 연결 작업에 베테랑 목수가 투입되어
신중히 처리해야 할 만큼 작업 난이도가 높은 일이다.
복합구조의 까다로움을 이해하고
이질감 없이 하나로 연결되도록 해야 하기 때문이다.

건축주가 한발 양보한 목조 지붕은
통기층을 확보한 웜루프로서
표는 안 나도 숙련된 작업자들의 기술력이 완성한 결과물이었다.
이것은 콘크리트가 할 수 없는 생활습기 배출에 기여할 중요한 부분임을
지금 이 순간도 나는 한 번 더 강조하고 싶다.

지붕을 목조재료로 쓰면 콘크리트 벽체는 수직 유지가 힘들다.
미세하나마 기울기가 생기는데
이 기울기를 잡아 수직 상태로 완성하는 미장 등 후속 작업 또한 중요하다.
집 안팎에 수직선을 잡아 기운 각을 정확하게 메워 주어야
다른 공정에 지장을 주지 않기 때문이다.

집은 큰 덩어리 하나로 보이지만
이렇듯 곳곳에 기술적인 요소가 들어가고 공을 들인 노력의 응집체이다.
6개월여 시간과 공력이 들어간 혼합구조의 2층집은 그렇게 들어섰다.

"살아보니 어떠십니까?"

내 양심껏 최선을 다해 지었어도
저 질문에 대한 대답이 돌아오는 동안의 그 짧은 순간은 늘 긴장된다.
여러모로 원숙한 느낌의 40대 후반 건축주 부부.
그들의 입술이 가벼울 리 만무하지 않은가.

● 계단실 아래에 확보된 수납공간은 갤러리문을 달아
여러 가지 생활용품을 깔끔하게 정리할 수 있게 했다.

● 완만한 경사가 편안해 보이는 원목계단.
계단 바깥쪽엔 철제와 목재를 혼용한
난간을 만들었다.

"좋아요.
뭐든지 다 만족스럽습니다."

좋은 것을 주절주절 하나씩 꼽지 않아도
그저 내가 지은 집에 편안하게 살고있다는 함축이
저 대답이라고 생각한다면 자만이라고 욕할까.

하지만 모든 건축주는 결과물에 예민하다.
그 예민함이 엄격한 건축주를 만나면
덜컥덜컥 돌에 걸리는 느낌을 받기도 한다.

이 건축주 내외는 앞에서도 언급했듯
건강 측면에 매우 집중되어 있었고
자신들의 결정이 작게나마 지구 온난화에도 영향을 미친다는
넓고 깊은, 보통 이상의 '바른 깐깐함'의 소유자들이었다.

그런 사람들이 살아보고 하는 말.
그 말의 순도에 비추어 내 양심이 부끄럽지 않으니
돌아오는 길,
그제야 긴장이 풀리며 해그림자에 슬쩍 마음을 기대고 싶어졌다.

에너지해석 개요

1. 기본 정보

기본 정보	건물명	전주 주택		
	국가명	대한민국	시/도	전남
	상세 주소	전라남도 전주시 완산구		
	건축주			
건축 정보	대지면적(㎡)	512	건물 용도	단독주택
	건축면적(㎡)	102.12	건폐율	19.95%
	연면적(㎡)	198.64	용적률	38.80%
	규모/총수	지상2층		
	구조 방식	철근콘크리트, 일반목구조		
	내장 마감			
	외장 마감			

설계 정보	설계시작월	2016년 1월	설계종료월	2016년 5월
	설계사무소			
	설비설계			
	전기설계			
	구조설계			
	에너지컨설팅	(사)한국패시브건축협회		

시공 정보	시공시작월	2016년 4월	시공종료월	2017년 8월
	시공사			
입력 검증	검증기관/번호	(사)한국패시브건축협회		
	검증자		(서명)	
	검증일			
	Program 버전	에너지샵(Energy#) 2016 v1.31		

2. 입력 요약

기후 정보	기후 조건	◇ 전주 효자동		
	평균기온(℃)	20.0	난방도시(kKh)	69.6
기본 설정	건물 유형	주거	축열(Wh/㎡K)	176
	난방온도(℃)	20	냉방온도(℃)	26
발열 정보	전체 거주자수	4	내부발열	표준치 선택
	내부발열(W/㎡)	4.38	입력유형	주거시설 표준치

면적 체적	유효실내면적(㎡)	166.36	환기용체적(㎡)	413.4
	A/V 비	0.67	(= 645.8 ㎡ / 958.6 ㎡)	

열관류율 (W/㎡K)	지붕	0.150	외벽 등	0.191
	바닥/지면	0.217	외기간접	–
	출입문	2.317	창호 전체	0.841
기본 유리	제품	VEKA88(4Loe1 + 12Ar + 4CL + 8Ar + 4CL + 12Ar + 4Loe1)		
	열관류율	0.500	일사획득계수	0.49
기본 창틀	제품	Veka88		
	창틀열관류율	1.000	간봉열관류율	0.03

환기 정보	제품	Aircle_r350 – SHERPA		
	난방효율	80%	냉방효율	64%
	습도회수율	60%	전력(Wh/㎡)	0.4

3. 에너지계산

			에너지성능검토 (Level 1/2/3)
난방	**난방성능** (리터/㎡)	**2.3**	↓ 15/30/50
	난방에너지 요구량(kWh/㎡)	**23.28**	Level 2
	난방 부하(W/㎡)	**18.7**	
냉방	**냉방에너지 요구량(kWh/㎡)**	**22.27**	Level 2
	현열에너지	13.22	↓ 19/34/44
	제습에너지	9.05	
	냉방 부하(W/㎡)	15.2	
	현열부하	9.3	
	제습부하	5.8	
총량	총에너지 소요량(kWh/㎡)	61.1	
	CO2 배출량(kg/㎡)	20.5	↓ 120/150/180
	1차에너지 소요량(kWh/㎡)	87	Level 1
기밀	기밀도 n50 (1/h)	0.51	Level 1
검토 결과	(Level 2) Low Energy House		↑ 0.6/1/1.5

연간 난방 비용

263,500 원

연간 총에너지 비용

916,900 원

건축정보

용도	단독주택(2.6리터)		바닥구성	T100 압출보온판 1호 +T400 기초콘크리트 +T150 비드법보온판 1종3호+T50 철근콘크리트 +T10 강화마루
건축물주소	세종특별자치시 고운동			
건축물이름	e블레시움 Bijou			
설계사	㈜풍산우드홈			
시공사	㈜풍산우드홈		바닥 열관류율	0.136 W/㎡·K
대지면적	355.8㎡		창틀 제조사	Kemmering
건축면적	97.56㎡		창틀 열관류율	1 W/㎡·K
건폐율	27.42%		유리구성	5PLA113(#2)+14Ar +6CL+14Ar+5PLT113 (#5)
연면적	178.56㎡			
용적률	50.19%		유리 열관류율	0.750 W/㎡·K
규모	지상 2층		창호 전체열관류율 (국내기준)	1.312 W/㎡·K
구조방식	일반목구조			
난방설비	가스보일러		현관문 제조사	캡스톤
주요내장재	합지벽지, 목재루버 마감		현관문 열관류율	0.8575 W/㎡·K
주요외장재	외단열미장마감		기밀성능(n50)	0.71회/h
외벽구성	T9.5 석고보드 2겹 +T140 셀룰로우즈 단열재+T11 OSB +T200 비드법단열재 1종3호		환기장치 제조사	SHERPA
			환기장치효율 (난방효율)	75%
			난방에너지요구량	25.57 kWh/㎡·a
외벽 열관류율	0.122 W/㎡·K		난방부하	19.9 W/㎡
지붕구성	T9.5 석고보드 2겹 +T38 설비층 +가변형투습방습지 +T285 32K 글라스울 +T12 ESB+투습방수지 +T38 통기층+T11 OSB +방수시트+금속지붕 마감		1차에너지소요량	172 kWh/㎡·a
			계산프로그램	에너지샵(Energy#) 2016 v1.31
			태양광발전 용량	3 kWp
			인증번호	2017-P-011
지붕 열관류율	0.155 W/㎡·K			

출처 (사)한국패시브건축협회

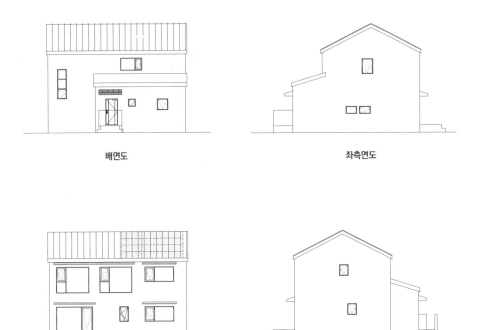

배면도

좌측면도

정면도

우측면도

 설계포인트

남북으로 긴 장방형의 대지에 회색 톤의 리얼징크 지붕과 외벽은 아이보리 톤의 스타코로 마감하여 깔끔하고 세련됐다. 도로와 접한 북쪽에 현관을 배치하고 도로를 지나는 차량이나 사람들의 시선을 차단하기 위해 출입문 앞에 가벽을 설치했다. 1층엔 부부침실과 거실, 주방으로 구성하고 2층엔 가족실을 중심으로 3개의 침실을 갖춰 부모님과 자녀의 방문에 불편함이 없도록 했다. 태양광 패널을 설치하여 에너지 효율을 높인 것도 장점이다.

2층 평면도

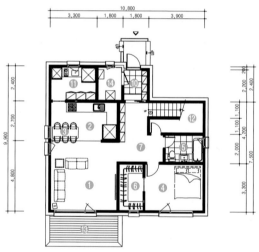

1층 평면도

❶ 거실 ❷ 주방 ❸ 식당 ❹ 침실 ❺ 욕실 ❻ 드레스룸 ❼ 복도 ❽ 가족실
❾ 발코니 ❿ 현관 ⓫ 다용도실 ⓬ 창고 ⓭ 데크 ⓮ 보일러실

옥의 티 세종 고운동 2.6리터

패시브하우스를 짓고 나면 내심 기다리는 것이 있는데
그건 그 집의 주인인 건축주와 가족의 반응이다.

이 집은 세종시에 세 번째로 지은 패시브하우스로
공무원인 남편과 학교 선생님인 부인,
이 부부가 은퇴 후를 대비하여 계획한 것이었다.

나와 마주한 건축주 부부에게선
직업도 그러려니와 묵직한 지혜가 엿보였다.
흥분하거나 서두름 없는 찬찬한 면모에
자신들이 가지고 있는 계획을 말할 때는 진중함이 묻어났다.

알고 보니 건축주 부부는 나와 상담하기 전에
이미 우리 회사의 이벤트에 두 번이나 참여했을 정도로 신중했다.
그 이벤트는 지금에 와 생각해도 매우 획기적인 내용으로

 건축주 한마디

디자인이 독특하고 화려하면 물론 사람들의 눈길을 끌고 보기는 좋다. 그런데 살림집은 껍데기보다 알맹이, 즉 외관이 아닌 냉난방 성능이 더 중요하다고 생각한다. 아무리 예쁜 집이라도 춥고 더워서 불쾌감이 들고 건강을 위협하는 결로가 발생한다면 사람이 사는 살림집이라고 할 수 없다. 평소 실내온도를 22도로 설정해 놓는데 보일러를 저녁에 한 차례 돌려 23도로 올린 후 자고 나면 밤새 1도가 내려가 22도를 유지한다. 게다가 우리 집을 방문한 이웃은 한겨울임에도 창문에 결로가 없는 것을 보고 몹시 놀라워한다.

● 전형적인 박스 형태의 패시브하우스로 남쪽에 큰 창을 내고, 외장재는 스타코,
지붕재는 리얼징크로 마감하고 태양광 패널을 설치했다. 선룸은 차후 건축주가 증축한 부분이다.

● 측면에서 본 주택의 모습.

● 집의 후면이 길가와 접했지만,
현관 출입구에 높지 않은 가림막을 설치해
외부 시선으로부터 편안하도록 했다.

패시브하우스에 관해 관심이 있는 사람을 모집해
실제 거주자가 사는 패시브하우스를 방문하는 프로그램으로
직접 눈으로 보고 확인하도록 하는 데 목적을 두었다.

그 이벤트는 중앙일보가 기획한 것으로
처음 관련 기자로부터 제안을 받았을 때
우리 회사는 이미 패시브하우스를 20채 이상 지었으므로
진행이 가능했다.

문제는 패시브하우스 실거주자의 승낙.
버스 투어로 기획된 내용이니만큼
방문자의 숫자가 미안하리만큼 많았다.
집에 아는 사람 한둘이 온다 해도
평소보다 단정한 환경에서 맞는 것이 우리네 정서인데
신문 공고를 보고 신청한 사람은 백 명을 훌쩍 넘었고
그중에서 버스 한 대로 이동이 가능한 인원 45명이
집 안팎을 매의 눈으로 살필 것이니 준비를 해달란 소리가 어디 쉬운가.

일면식도 없는 사람들에게
내 공간을 열어 보여줘야 하는 부담스러운 일.
하지만 나는 얼굴에 철판을 깔기로 마음을 먹었다.
그리고 나의 고객 건축주들에게 그 당위성을 설명했다.

"함께 알려 주십시오.
그 어떤 집보다 친환경적이며
획기적으로 에너지 절약이 되는 집임을.
좋은 것은 널리 알려야 하지 않겠습니까."

● 깔끔한 것을 좋아하는 부부의 취향이 느껴지는 거실 공간이다.
우물천장과 간접조명을 설치해 포인트를 주었다.

● 국내에서 생산된 단열과
기밀성이 확보된 현관문을
설치했다.

나는 선견지명을 갖고 누구보다 앞선 선택을 한 그들의 지혜와
꾸미거나 덧붙임 없는 정직한 패시브하우스의 기능이 고스란히 보일
이 행사에 열의를 쏟았다.

'실제'는 있는 그대로의 상태다.
실제가 전하는 것 이상으로 정직한 것이 있을까.
그 정직함에 자신이 없다면
어렵게 건축주들을 설득할 이유가 없었다.
내 자존심과 건축주들의 자부심이 당당할 수 있는 순간.
그 순간은 이러한 과정을 거쳐
2014년 12월과 2015년 2월 두 차례 이루어졌다.

투어의 성격상 동선이 가까운 지역으로 묶었지만

온전히 4계절을 지낸 지역과 기후의 변화에 따라
패시브하우스의 기능이 제대로 검증된 집을 우선했다.

패시브하우스 버스 투어 시기로 겨울은 딱 적기였다.
집을 짓고자 하는 사람들이 제1로 꼽는 것이
겨울에 따뜻하고 난방비가 절약되는 것이므로.
1차 경기도권의 네 가구.
2차 충청권의 세 가구로 진행된 행사에
나와 직원들은 짧은 시간 내에 전해야 할 패시브의 모든 것에 집중했다.
수십 명의 인원을 두 팀으로 나누어 실내와 바깥을 돌아가며 설명했다.

하지만 참가자들은
'패시브하우스는 이래서 좋습니다.' 하는 나의 열강보다
집 주인에게 질문을 쏟고 대답에 귀를 더 기울이는 모습이었다.

진짜 따뜻해요?
하루에 보일러 몇 번 돌아가요?
난방비는요?
정말 이 집에 살면 천식도 나아요?
창문을 안 열고도 정말 환기가 되나요?

그랬다.
참가자들은 진짜 소리를 듣고 싶은 것이었다.
집 짓는 사람이 좋다는 소리보다
사는 사람들의 생생한 이야기가 더 중요했다.

다시 처음으로 돌아가

● 패시브하우스에 쓰이는 시스템창호는
기밀성능이 뛰어나 겨울철 실내가 따뜻하다.
꽃을 좋아하는 부부에게 더욱 만족스러운 점이다.

● 샤워실 옆에 벽을 두고 공간을 분리했으며,
별도로 도기 소재의 카운터세면기를 설치했다.

● 2층에 있는 거실은 가족이 모여 앉아 책을 읽거나 대화를 나누는 공간이다.
전면 큰 창의 오른쪽은 상하를 나누어 외부 난간이 없어도 안전하도록 했다.

이 집 부부도 그 참가자들 속에서 비슷한 질문을 하고
꼼꼼히 대답을 체크하고 내 앞에 앉은 것이었다.
그러니 다른 건축주들에게처럼 구구한 설명의 과정은 필요 없었다.

단지 설계 과정에서
시공비와 밀접한 관계가 있는 외관의 단조로움에 아쉬워하는 것 같아
대신 내부 인테리어를 보강하는 쪽으로 가닥을 잡았다.

거실에 부부의 취향을 반영해 포인트월을 만들고
3연동 현관 중문도어도 사양을 높이고 천장등은 깔끔하게 매립했다.
2층은 오픈형 천장으로 시원하게 개방감을 주고
스윙도어로 출입하는 작은 온실도 배치했다.

이 집은 세종시에 지은 3채의
패시브하우스 중
부부의 분명한 취향으로
주제가 있는 인테리어에
우리도 나름 가장 공을 들인 집으로
기억된다.

● 공학목재 중 LVL 목재를 켜서
거실과 주방 사이에 시각적 포인트를
주고 꽃장식으로 변화를 주었다.

최근 통화에서 안주인에게 안부를 묻고
집에 이상은 없는지 확인을 하니
밝은 목소리로 전하는 소리에 마음이 흐뭇했다.

옆집 사람이 방문하더니
이렇게 추운데 이 집 창문엔 어떻게 결로가 하나도 없냐며
많이 놀라는 모습을 보였다나.

방문자의 눈엔 3중 유리 패시브 창호가 홑겹처럼 보였을 수도 있고
그러니 더 놀라울 수도 있었겠다.

평소 실내온도를 22도로 설정해 놓는데
보일러를 저녁에 한 차례 돌려 23도로 올린 후 자고 나면
밤새 1도가 내려가 22도를 유지하더라는 편안한 음성.
집이 언제 완공되던
나는 건축주들의 겨울나기 소식을 꼭 챙겨 듣는다.
온 신경을 기울여 지은 집이니만큼 당연한 기능을 내주어야 하고
그들의 편안한 음성을 들어야 비로소 내 마음도 편해지기 때문이다.

모든 것이 잘 돌아가고 있으니
이렇게 주고받는 대화가 행복하구나 생각이 드는 순간
안주인이 한 가지 아쉬움을 전했다.

옥의 티라고 해야 할까.
실내가 고루 따뜻하다 보니
아파트 베란다처럼 차가운 공간이 없어
곡식 혹은 음식을 냄비째 둘 수가 없더라는.

아이쿠!
고루 따뜻한 것이 문제라니
남들이 들으면 어떨지 모르겠다.
하지만 건축주가 느끼는 불편함은 그게 무엇이든 반영해야 옳다.

비 단열, 비 난방 공간을 확보할 것!
작업 수첩에 눌러 적은 글씨는 다음 집을 진일보하게 이끌 것이다.

에너지해석 개요

1. 기본 정보

기본 정보	건 물 명	e블레시옹 Bijou		
	국 가 명	대한민국	시/도	세종
	상세 주소	세종특별자치시 고운동		
	건 축 주			
건축 정보	대지면적(㎡)	355.8	건물 용도	단독주택
	건축면적(㎡)	97.56	건 폐 율	27.42%
	연면적(㎡)	178.56	용 적 율	50.19%
	규모/총수	지상2층		
	구조 방식	일반목구조		
	내장 마감			
	외장 마감			

설계 정보	설계시작월		설계종료월	
	설계사무소			
	설비설계			
	전기설계			
	구조설계			
	에너지컨설팅	(사)한국패시브건축협회		

시공 정보	시공시작월		시공종료월	
	시 공 사			
입력 검증	검증기관/번호	(사)한국패시브건축협회		
	검 증 자		(서명)	
	검 증 일			
	Program 버전	에너지샵(Energy#) 2016 v1.31		

2. 입력 요약

기후 정보	기후 조건	◇ 세종 고운동		
	평균기온(℃)	20.0	난방도시(kKh)	76.0
기본 설정	건물 유형	주거	축열(Wh/㎡K)	84
	난방온도(℃)	20	냉방온도(℃)	26
발열 정보	전체 거주자수	4	내부발열	표준치 선택
	내부발열(W/㎡)	4.38	입력유형	주거시설 표준치

면적 체적	유효실내면적(㎡)	144.45	환기용체적(㎡)	359.2
	A/V 비	0.67	(= 521.6 ㎡ / 778.8 ㎥)	

열관류율 (W/㎡K)	지 붕	0.155	외벽 등	0.122
	바닥/지면	0.136	외기간접	-
	출 입 문	1.695	창호 전체	1.312
기본 유리	제 품	5PLA113(#2)+14Ar+6CL+14Ar+5PLT113(#5)		
	열관류율	0.750	일사획득계수	0.43
기본 창틀	제 품	Kommering88		
	창틀열관류율	1.000	간봉열류율	0.03

환기 정보	제 품	Aircle_r350 - SHERPA		
	난방효율	75%	냉방효율	67%
	습도회수율	60%	전력(Wh/㎡)	0.4

3. 에너지계산 결과

			에너지성능검토 (Level 1/2/3)
난방	**난방성능** (리터/㎡)	**2.6**	↓ 15/30/50
	난방에너지 요구량(kWh/㎡)	25.57	Level 2
	난방 부하(W/㎡)	19.9	
냉방	냉방에너지 요구량(kWh/㎡)	19.76	Level 2
	현열에너지	14.03	↑ 19/34/44
	제습에너지	5.73	
	냉방 부하(W/㎡)	11.7	
	현열부하	7.8	
	제습부하	3.9	
총량	총에너지 소요량(kWh/㎡)	101.0	
	CO2 배출량(kg/㎡)	41.2	↓ 120/150/180
	1차에너지 소요량(kWh/㎡)	172	Level 3
기밀	기밀도 n50 (1/h)	0.71	Level 2
검토 결과	(Level 3) Low Energy House		↑ 0.6/1/1.5

연간 난방 비용

248,600 원

연간 총에너지 비용

1,368,600 원

22 따로 또 같이

건축정보

용도	단독주택(2.6리터)	지붕 열관류율	0.152 W/㎡.K
건축물주소	충청북도 충주시 안림동	바닥구성	T400 기초콘크리트 +T150 비드법 보온판 1종1호+T50 무근콘크리트+T10.0 강화마루
건축물이름	몽하우스		
설계사	㈜풍산제파건축사사무소		
시공사	㈜풍산우드홈		
에너지컨설팅	(사)한국패시브건축협회	바닥 열관류율	0.169 W/㎡.K
대지면적	599㎡	창틀 제조사	SALAMANDER
건축면적	145.17㎡	창틀 열관류율	1.0 W/㎡.K
건폐율	24.24%	유리 제조사	Ensum
연면적	398.01㎡	유리구성	5lowe+16ar+4cl +16ar+6lowe
용적률	66.45%		
규모	지상 3층	유리 열관류율	0.76 W/㎡.K
구조방식	철근콘크리트+경량목구조	창호 전체 열관류율 (국내기준)	1.051 W/㎡.K
난방설비	가스보일러		
주요내장재	규조토, 편백루버	현관문 제조사	DOORCO KOREA
주요외장재	스타코플렉스	현관문 열관류율	1.348 W/㎡.K
외벽구성	[1,2층 외벽구성] T20 미장마감+T200 철근콘크리트 +T200 비드법단열재 1종3호 [3층 외벽구성] T9.5 석고보드 2겹+T140 셀룰로우즈 단열재 +T11.0 OSB+T200 비드법단열재 1종3호	기밀성능(n50)	0.49회/h
		환기장치 제조사	셀파
		환기장치효율 (난방효율)	75%
		난방에너지요구량	25.83 kWh/㎡.a
		난방부하	19.2 W/㎡
		1차에너지소요량	128 kWh/㎡.a
외벽 열관류율	0.191 W/㎡.K	계산프로그램	에너지샵(Energy#) 2017 v2.3 beta
지붕구성	T9.5 석고보드 2겹+38 설비층+가변형투습방습지 +T285 32K 글라스울 +T12 ESB+투습방수지 +T38 통기층+T11.0 OSB +방수시트 +금속지붕 마감	인증번호	2017-P-017

출처 (사)한국패시브건축협회

배면도

좌측면도

정면도

우측면도

 설계포인트

두 자매가 전원에서 한 채의 주택에서 위, 아래층으로 구분하여 함께 살고자 지은 집이다. 건축주의 의도를 반영하여 아래층에는 언니가 위층에는 동생이 3층에는 두 가족의 공용공간으로 영화감상실과 취미실, 외부 베란다를 두었다. 두 가족의 건강을 고려하여 쾌적한 패시브하우스에 내부 마감재를 친환경 건강 소재와 천연 소재로 마감했다. 그냥 그 집에서 사는 것만으로도 치유가 되는 힐링하우스가 컨셉이다.

3층 평면도

2층 평면도

① 거실 ② 주방 ③ 침실 ④ 욕실 ⑤ 드레스룸 ⑥ 파우더룸 ⑦ 복도 ⑧ 현관
⑨ 다용도실 ⑩ 데크 ⑪ 발코니 ⑫ 보일러실 ⑬ AV룸 ⑭ 창고 ⑮ 테라스

따로
또 같이 충주 2.6리터

오랜 세월 집을 지어온 바

집의 진화에는 건축주의 몫이 크다는 생각이 점점 커진다.

그만큼 취향과 개성이 다양해진 시대인 것이다.

전원주택 바람이 불기 시작했던 1990년대.

그때 건축주들이 요구하는 집은 과시하는 심리가 많이 작용했다.

영화나 TV 드라마에서 본 부유한 집들을 모델로

사실 본인들에겐 그다지 실용적이지 않은 공간을 덧붙인 집이

1층 평면도

● 철근콘크리트와 목구조로 지은 주택으로 1층과 2층에 연속으로 코너창을 배치했다.

● 2층의 긴 베란다 면적이 1층의 처마 역할을 하도록 설계했다.

추세였다고 해도 과언이 아닐 만큼
과한 디자인과 과한 면적의 집들이 여기저기 생겨나기 시작했다.

책을 좋아하지 않아도 서재가 있어야 했고
음악을 좋아하지 않아도 음악 감상실이 있어야 했다.
일 년에 몇 번 있을까 말까 한 지인 방문을 위한 손님방이며
출가한 자녀와 손주들을 위한 방도 필수였다.

영화처럼 드라마처럼 집을 짓고
스스로가 주인공이 되는 환상이
고스란히 현실로 이어진다면 얼마나 아름다울까.

하지만 그렇게 지어진 집에서
처음에 계획했던 우아하고 격조 있는 삶은
이내 닥쳐온 현실 앞에 대부분 무너졌다.

제일 먼저 실감하게 되는 건 겨울철 추위다.
실내 면적이 넓다 보니 도저히 감당할 수 없는 난방비.
칸칸이 이름 붙여진 방들의 보일러를 다 잠그고
꼭 필요한 공간에만 불을 때도
시베리아 같은 웃풍에 코 시리고 발 시린 당황스러움이라니.
그렇게 멋진 집에서 겹겹 옷을 껴입고 떠는 모습은 계획한 적이 없다.
영화에서도 드라마에서도 본 적이 없었는데
내게 닥친 이 현실은 뭔가.

추운 집에 손님을 초대할 수 있을까.
어린 손주들이 와서 감기나 걸리면 어쩔까.

● 우측에서 본 주택의 모습. 단차를 준 지붕선과 주차장을 둘러싼 담장이 보인다.

● 두 세대가 소유한 차량의 대수를 소화할 수 있도록 넓게 확보한 주차장.

그러니 그 누구도 온다고 할까 봐 겁이 난다.

그들을 위한 공간들은 차차 안 쓰는 물건으로 채워지기 시작한다.

쌀자루는 손님방에 안 입는 옷가지들은 아이들 방에,

어느새 용도가 바뀌어 애써 유용해야 하는 공간들이 점점 딱해진다.

면적이 크다고 허세고

면적이 작다고 현명한 건 절대 아니다.

계획한 공간이 과연 내게 실용적인가 하는 것이 중요하다.

서두가 길어졌는데 충주 전원주택 단지에 지어진 이 집은

'자매의 집'이다.

1층은 언니네 가족이

2층은 동생네 가족이 거주하며

3층은 AV룸으로 설계되었다.

처음 우리 회사와의 인연은 무료 설계 이벤트를 통해서였다.

평면도면과 배치를 무료로 진행한 이벤트에 참가한 계기가

패시브하우스 건축으로까지 이어진 것이다.

언니는 이미 전원주택의 경험이 있고

동생은 아파트에서 살고 있는데

두 자매의 고향인 충주에 집을 짓고 함께 살기로 의기투합한 상태였다.

● 우측으로 연결된 지붕은 현관까지 이어져 기상에 상관없이 이동할 수 있다.
디자인 벽돌로 담장을 둘러 외부와 단절감을 줄인 모습.

● 1층에 위치한 언니 세대의 거실.

● 두 벽을 연결하는 코너창은 넓은 시야를 확보할 수 있으며 그 자체로 방의 포인트가 된다.

함께 살 집을 짓기로 마음먹었다는 것은
그만큼 마음이 잘 맞거나
서로에 대한 신뢰가 깊다는 뜻일 것이다.

고향이라 해도 살던 옛터에 집을 짓는 게 아니라면
외지인과 별다를 게 없기 때문에
새로운 곳에서 새로운 연을 만들어 가며 사는 것이 숙제인데
친한 지인이거나 가족, 형제자매가 함께라면
새로운 삶이 한결 수월할 것이다.

낯선 곳에서 굳이 서둘러 관계 맺기보다
자연스러울 때 자연스러운 계기로 이웃을 만들 여유가 있으며
서로를 의지하며 편안한 마음일 수 있기 때문에
외로움이나 텃세 같은 데서 오는 감정소비 면에서도 유리하기 때문이다.

건축주 자매는 공통으로 건강 측면에 관심이 많았다.
상담 중에 패시브하우스의 특징에 대해 이해하며
건강에 관련한 건축 소재는 적극적으로 반영하기를 희망했다.

● 1층 주방. 적은 가족 수에 맞춘 작은 식탁 위로 6구 펜던트 조명을 설치했다.

● 현관은 통로 면적을 줄이고 양옆 신발장과
수납장 활용에 중점을 두었다.

● 두 가족이 여가 및 취미생활을 할 수 있도록 만든 특별한 공간.

다만 두 세대가 층을 나누어 쓰는 구조이므로

층간 소음을 줄이기 위해

1층과 2층은 콘크리트로

AV룸으로 꾸며질 3층은 목구조로 혼합하되

실내 마감은 규조토와 원목을 최대한 활용하기로,

또한 조경도 건강에 좋은 수종을 선택해 조성하기로 했다.

친환경으로 짓자면 목구조를 제1로 꼽는 데 주저함이 없는 나지만

이 집의 특성을 생각하면 혼합 구조가 훨씬 유리했다.

우선 두 세대가 층을 나누어 쓰는 것이 그랬고

동생 자녀가 음악 및 예술 계통에 재능이 있기 때문에도 그랬다.

층간 소음이나 방음에 더 신경을 써야 한다.

그리고 친한 자매간이라 해도 독립성 보장은 기본이므로
캥거루 주택처럼 출입구를 각각 달리 냈다.
하지만 두 자매 가족의 공동 취미 영역인 3층의 AV룸은
편하게 공유할 수 있도록 계단실을 설계했다.

각기 다른 공간에서 살았던 사람들이
어느 날부터 한집에 산다는 것은
상호 이해가 충분하다는 전제로 가능한 일이지만
그전까지는 필요할 때만 만났던 점을 것을 고려해야 한다.

● 음악감상 혹은 영화관으로써 두 세대가 함께하는 공간이다.

남녀의 연애 시절과 결혼생활의 차이라고 하면 적절한 예일까.
보여줄 수 있는 부분의 한계치가 달라지면 서로 당황스럽다.
생판 모르는 남보다 나을 수 있어도
오래도록 따로 꾸린 시간 속에는
미처 못 보고 못 느낀 변화가 분명 존재하고
그것을 보장받아야 자유로움을 느끼게 된다.
즉 각자의 소소한 일상이 방해 받으면 곤란한 것이다.
그런 의미에서 이 자매의 집은 '따로 또 같이'의 컨셉이어야 했다.

3리터 이하 패시브하우스로 계획한 자매의 집은
한국패시브건축협회 최종 테스트 결과가 2.6리터로
매우 안정적인 성적을 냈다.
3층 혼합 구조에 실내 공간이 총 100평이 넘는 면적임에도
구성원의 특성과 그들이 중요하게 생각하는 포인트를
최대한 신경 쓰고 꼼꼼하게 체크하며 작업한 결과였다.

도시 생활에서 벗어나 친근한 지역에서 새롭게 시작할
그들의 특별한 공간은 어떻게 꾸려질까.
나는 완공된 현장을 둘러보며 축복과 기원의 마음을 보냈다.
앞으로는 열심히 산 시간을 보상 받는 시간이 되길...

너른 터에 심고 가꾸는 것들로 식탁이 풍성해지고
안락한 공간에서 건강한 생활을 누리는 자매와 그의 가족들.
나는 내 머릿속의 그림이 현실이 될 것을 믿는다.

에너지해석 개요

ENERGY#®

Copyright (c)2017. Sungho Bae. All rights reserved

1. 기본 정보

기본 정보	건 물 명	몽하우스		
	국 가 명	대한민국	시 / 도	충북
	상세 주소	충청북도 충주시		
	건 축 주			
건축 정보	대지면적(㎡)	599.00	건물 용도	단독주택
	건축면적(㎡)	145.17	건 폐 율	24.24%
	연면적(㎡)	398.01	용 적 률	66.45%
	규모/층수	지상3층		
	구조 방식	철근콘크리트+경량목구조		
	내장 마감	스터코		
	외장 마감			

설계 정보	설계시작월		설계종료월	
	설계사무소			
	설비설계			
	전기설계			
	구조설계			
	에너지컨설팅	(사)한국패시브건축협회		

시공 정보	시공시작월		시공종료월	
	시 공 사			
입력 검증	검증기관/번호	(사)한국패시브건축협회		
	검 증 자			(서명)
	검 증 일			
	Program 버전	에너지샾(Energy#®) 2017 v2.3 beta		

2. 입력 요약

기후 정보	기후 조건	서울		
	평균기온(℃)	20.0	난방도시(kKh)	75.5
기본 설정	건물 유형	주거	축열(Wh/㎡K)	180
	난방온도(℃)	20	냉방온도(℃)	26
발열 정보	전체 거주자수	6	내부발열	표준치 선택
	내부발열(W/㎡)	4.38	입력유형	주거시설 표준치
면적 체적	유효실내면적(㎡)	330.0	환기용체적(㎡)	824.9
	A/V 비	0.56	(= 872.1 ㎡ / 1555.3 ㎡)	

열관 류율 (W/ ㎡K)	지 붕	0.152	외벽 등	0.167
	바닥/지면	0.169	외기간접	0.000
	출 입 문	1.348	창호 전체	1.051
기본 유리	제 품	5lowe+16ar+4cl+16ar+6lowe(Ensum)		
	열관류율	0.76	일사획득계수	0.42
기본 창틀	제 품	Salamander 82		
	창틀열관류율	1.000	간봉열관류율	0.03
환기 정보	제 품	Aircle_r500 - SHERPA		
	난방효율	75%	냉방효율	61%
	습도회수율	60%	전력(Wh/㎡)	0.36
열교	선형전달계수(W/K)	7.17	점형전달계수(W/K)	0.00

재생 에너지	태양열	System 미설치
	지 열	System 미설치
	태양광	System 미설치

3. 에너지계산 결과

			에너지성능검토 (Level 1/2/3)
난방	난방성능 (리터/㎡)	2.6	↓ 15/30/50
	난방에너지 요구량(kWh/㎡)	25.83	Level 2
	난방 부하(W/㎡)	19.2	
냉방	냉방에너지 요구량(kWh/㎡)	17.55	Level 1
	현열에너지	13.27	↓ 19/34/49
	제습에너지	4.28	
	냉방 부하(W/㎡)	10.9	
	현열부하	7.5	
	제습부하	3.4	
총량	총에너지 소요량(kWh/㎡)	69	
	CO2 배출량(kg/㎡)	32.0	↓ 120/150/180
	1차에너지 소요량(kWh/㎡)	128	Level 2
기밀	기밀도 n50 (1/h)	0.49	Level 1
검토 결과	(Level 2) Low Energy House		↑ 0.6/1/1.5

연간 난방 비용

1,229,700 원

연간 총에너지 비용

4,524,400 원

건축정보

용도	주말주택
건축물주소	충청북도 제천시 봉양면
연면적	27.80㎡(8.40 py)
1층면적	19.50㎡(5.89 py)
다락면적	8.30㎡(2.51 py)
크기	6.5×3×4.9m(가로×세로×높이)
규모 및 구조	복층 경량목구조
주요내장재	원목루버, 강화마루
주요외장재	적삼목, 리얼징크컬러강판
창호재	유럽식 3중유리 PVC 토네이도시스템 창호
현관문	캡스톤
난방형태	LPG보일러

● 소형(8.4평) 이동식 저에너지 주택

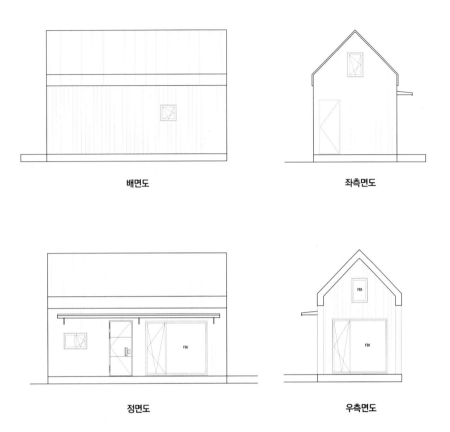

배면도　　　　　　　　　　　　　좌측면도

정면도　　　　　　　　　　　　　우측면도

 설계포인트

건축주가 소형 이동식 농막을 설치하려다가 제천이 다른 지역보다 상당히 추운 관계로, 실내외 배관이 겨울에도 얼지 않는 패시브 주택공법을 적용한 이동식 패시브 소형주택을 짓기로 결정을 바꿨다. 소형주택이지만 패시브하우스의 5가지 요소 중 4가지 요소 기술이 적용되었다. 거실과 주방 사이에 미닫이문을 달아 두 공간이 분리되도록 한 컨셉으로 거실, 주방, 화장실, 보일러실, 현관과 다락방을 구성하여 적은 인원이 생활하는데 필요한 필수 공간은 모두 갖추었다.

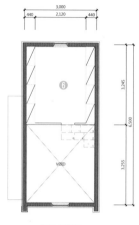

다락 평면도

1층 평면도

❶ 거실 ❷ 주방 ❸ 욕실 ❹ 현관 ❺ 보일러실 ❻ 다락

성능으로 말한다 제천 봉양 소형주택

건축주 부부는 대구에 살고 있었다.

제천은 남편이 나고 자랐으며 부모님이 남긴 땅이 있는 곳이다.
대구에서 결혼하고 사업도 하고
시간이 흘러 자녀가 모두 장성해 직장인이 되면서
제2의 삶을 계획하게 되었는데
고향 땅에 귀농하면 어떨까 하는 생각이 자연스럽게 들었다.

비닐하우스를 지어 표고버섯을 키우고 밭작물 농사를 시작하면서
남편은 대구와 제천을 오가는 생활을 하게 됐다.
그러니 길에 버리는 시간과 비용도 만만치 않았으며,
농한기인 겨울을 제외한 계절에는
마땅한 주거시설이 없어 견디기에 너무 불편했다.
작물은 농부의 발걸음 소리를 들으며 자란다고 하는데
비닐하우스 안에서 기거하며 농사를 짓는다는 것은 쉽지 않았다.

건축주 한마디

12월로 접어들어 영하로 떨어지는 날씨에도 한낮 실내온도가 26도까지 올라가 아주 따뜻하다. 잠자리에 들기 전 보통 19~20도일 때 잠깐 보일러를 돌리면 바닥과 실내가 금세 따뜻해지고 웃풍이 없다. 아침에 일어나 동쪽 창으로 해가 들기 시작하면 다시 내부온도가 올라가고 남쪽 창으로 이어지기 때문에 해가 지기 전에는 따로 보일러를 돌리지 않아도 된다. 작은 면적에 비해 화장실이 넓고 샤워 공간이 충분하며 부엌 또한 조리에 불편함을 느끼지 못할 만큼 실용적으로 설계되어 매우 만족스럽다.

● 나지막한 야산 아래 자리한 소형 저에너지 하우스.

한여름 더위와 일찍 시작되는 가을 찬바람에
힘들게 일한 후 제대로 쉴 수 있는 공간이 없다는 것은
제천의 남편이나 대구의 안주인에게나 상당히 마음 불편한 일이었다.

어차피 고향 땅에 정착하기로 마음 먹었으니
집을 짓는 것이 어떨까 하는 생각에 미치자
부부는 어떻게 집을 지어야 할 것인가 고민하기 시작했다.

제천은 강원도와 접한 지역으로 한겨울 추위가 심한 곳이다.
허투루 대충 지었다가는 돈만 버리는 일이라는 생각에
여기저기 집 짓는 방법을 알아보다
우연히 건축 잡지에 소개된 저에너지 하우스를 보게 되었다.
그 집은 우리 회사가 지은 집으로
그 댁에 사는 건축주의 만족스러운 생활상이 그려져 있었다.

그때부터 안주인은 한국패시브건축협회 홈페이지에서
패시브하우스가 어떤 기준으로 어떻게 지어지는지에 대해 찾아보고
바로 이런 집이 우리가 짓고 싶은 집이라는 확신을 갖게 되었다.

한국패시브건축협회 홈페이지에서 시공실적을 눈여겨보고
관심있는 시공사 세 곳을 선별했다는 안주인은 내게 전화상담을 청했다.
전화상담이라 해도 건축주가 궁금해 하는 것에 성실히 답하지만
백문이 불여일견이라는 말을 무시하기는 힘들다.

건축주 부부가 건축 잡지를 통해 처음 눈여겨보았던 저에너지 하우스는
같은 제천에 있는 데다 바로 이웃한 면이었다.
나는 그 댁에 찾아가 보기를 권유했다.

"그 댁을 방문해 직접 보고 사는 분의 이야기를 들어보십시오."
시공사가 지은 집을 직접 가보는 것보다 더 정확한 것은 없다.
하지만 내 집을 공개하고 속속들이 보여줄 사람은 많지 않다.
다행히 저에너지 하우스의 건축주는 흔쾌히 집을 보여주겠노라 했고
날짜를 정해 저에너지 하우스를 방문한 부부는
계획했던 다른 시공사와의 상담을 접었다.
실제 사는 사람이 전하는 이야기가 지닌 힘이었다.

시공사를 정하고 나니 그다음으로 해야 할 결정이 남았다.
아직 대구 생활을 완전히 정리하지 않은 상태에서
어떤 결정이 최선인지에 대해 고민한 부부는
우선 나중에 별채로 사용할 작은 집을 먼저 짓기로 했다.
무리하게 진행하기보다 순리를 따르는 것이 마음 편하다.
그러니 현재 필요한 만큼에 집중하기로 한 것이다.

● 작은 집이지만 동쪽과 남쪽에 유럽식 시스템창호를 큼직하게 달아 햇빛 에너지를 충분히 받을 수 있도록 했고 개방감을 극대화했다.

● 보통 일반주택보다 천장 높이가 높으며 모든 면을 원목루버로 마감해 뛰어난 조습 기능을 기대할 수 있다. 다락방에서 보이는 맞은편에 작은 고정창을 달아 위 공간까지 두루 밝은 효과를 냈다.

● 주방은 안주인이 신경 쓰는 부분으로 주방용품 수납에 불편함이 없도록 공간을 확보했다. 2구의 조리대가 있어 웬만한 음식을 만드는 데 어려움이 없다.

● 출입문을 열면 신발장을 사이에 두고 현관과 주방 공간이 구분된다.

바닥 면적 6평에 2.4평 다락방을 올린 복층 형태의 소형주택.
작은 면적의 공간 구성은 큰 집보다 깐깐하게 신경 써야 한다.

● 다락방의 모습. 두 명 혹은 세 명이 잘 수 있는 공간이다.
다락방 역시 유럽식 시스템창호를 설치하여 기밀성을 높였으며 채광과 환기가 편리하다.

건축주 부부의 요구에 부합 되도록 안주인이 만족할 만한 주방과
샤워가 편안한 화장실 겸 욕실 공간을 확보했다.
그 위에 다락을 올리고 그 높이만큼 천장고가 확장된 거실.
게다가 동쪽과 남쪽에 큰 창문을 다니 개방감이 극대화 되었다.
일반적인 건축물에 이런 창을 낸다면 겨울의 추위를 걱정해야 하지만
이 집은 작지만 똘똘한 내용으로 그런 걱정을 불식시켰다.
단열과 기밀은 기본이며 독일식 시스템창호가 적용되어
한겨울에도 해가 움직이는 대로 양면의 창문으로 들어오는 햇빛에
공짜 난방을 누릴 수가 있게 되었다.

보통의 농막이나 이동식 주택은 한겨울에는 머물 수 없다.
수도 설비가 얼어터지기 때문에 집안의 물을 다 빼고 철수해야 한다.
요즘 판매되는 이동식주택은 전기패널 난방을 설치해 대안을 찾지만
단열이나 기밀성 면에서 부족하기 때문에 따뜻한 실내를 기대하기 어렵다.

한겨울을 제외한 계절에도 바깥 기온에 따라 오르고 내리는 실내온도에
차양막이나 간이천막 등으로 햇빛과 바람을 차단하는 수고가 따르지만
이런 방법은 미관상 보기 좋지 않을 뿐더러 그 효과도 미미하다.

건축주 부부가 원하는 작은 집은 7월에 착공했다.
유례 없는 폭염이 연일 뉴스 첫머리를 장식하고
해가 져도 열대야로 잠 못 이루는 시기이다 보니
현장의 진행은 좀처럼 속도를 내지 못했다.
일하는 작업자나 지켜보는 건축주나 폭염에는 속수무책이었다.
그런데다 설상가상으로 현장 관리자의 개인 사정까지 겹쳤다.
지금 생각해도 유구무언의 상황이었던 그때를 떠올리면 얼굴이 화끈거린다.

그런데도 건축주 부부는 현장을 방문할 때마다 질책은커녕
나의 건강을 더 걱정하고 챙겨주었다.
아무리 나의 타는 속을 이해한다 해도
그런 상황에서 그렇게 정겨울 수가 있을까.
현장을 확인하고 돌아가는 길에 푸근히 안겨주었던
강냉이 자루와 산양 산삼의 인심은 도대체 어디에서 나오는 것인지...
미운 놈에게 주는 떡인가 싶다가도
그들의 말이며 표정에 깃든 진심의 온도에 나는 더 할 말이 없었다.

건축주들이 집을 지을 때
가장 걱정하는 것이 이 바닥의 좋지 못한 소문이다.
건축비를 터무니없이 높게 받는다든지
짓는 중에 자꾸 돈을 더 요구한다든지
집을 짓다 말고 튄다든지 하는 불안한 말들.
아무리 작은 집이지만 심심풀이로 짓는 것이 아닌데

기상이변은 백 번이고 이해한다 해도
어쩐지 순조롭지 않은 것 같은 느낌이 유쾌할 리 있겠는가.
나로서도 예고 없이 온 상황에 적잖이 당황스러웠지만
그건 내가 감당해야 할 몫이고 책임이었다.
지체가 되긴 해도 약속한 결과물은 하늘이 두 쪽 나도 보여줄 텐데
저 마음 좋은 부부가 내색도 못 하고 불안해 할까 봐 걱정되었다.

우여곡절 끝에 작은 집은 9월에야 완공됐다.
그간의 미안함과 고마움을 어떻게 표현해야 할까 고민하던 나는
그 집에 머무는 건축주 부부가 건강한 공기로 숨 쉴 수 있도록
벽부형 열회수환기장치를 선물로 달아드렸다.
이로써 이 저에너지 하우스는
패시브하우스의 5가지 필수요소 중 4가지를 충족한 집이 되었다.

얼마 지나지 않아 찬바람이 불기 시작하고
건축주 부부는 작년과 다른 가을을 맞으며 기쁜 얼굴을 했다.
집을 지을 때만 해도 그 평수가 뭐 그리 비싸냐는 소리에 신경이 쓰였는데
그 집을 방문하는 사람마다 실내온도에 놀라고 쾌적성을 칭찬하니
신중하게 선택하고 기다린 보람이 드디어 나타나는 기분이었나 보다.
사실 그제야 내 마음도 편했다.

점차 겨울로 접어들면서 그 집의 성능은 진가를 발휘해
영하 10도 아래로 떨어져도 실내온도가 26도까지 올랐다.
자기 전에 잠깐 보일러를 돌리는 게 전부인데
실내가 훈훈하다며 기뻐하는 건축주 부부의 밝은 음성.
저에너지 하우스의 성능에 만족한 부부는
누군가 집을 짓겠다고 하면 꼭 이런 집을 짓기를 권유하겠다고 했다.

아직 우리나라엔 외형만 갖춘 집이 많다.

집을 짓고자 마음먹은 사람들은 싸게 짓는 시공사를 찾는다.

하지만 싸고 좋은 집은 욕심이다.

누구나 직업을 갖고 가계를 꾸리듯

집 짓는 일을 하는 사람들도 그 일이 생계와 연관되어 있다.

누군가 당신에게

"나를 위해 당신의 재능을 기부하시오." 했을 때

순순히 "그럽시다." 할 수 있는지 자문해보자.

아무리 싸게 지어도 목돈이 들어가는 게 집이고

그 과정과 기술 노하우를 가진 작업자에 대한 이해가 없다보니

대부분 사람은 어쩐지 도둑맞는 기분이 들며 불안하다.

하지만 그 목돈은 앞으로 내가 살아야 할 집에 들어가는 자재와

그 자재를 훌륭히 다루어

우리 집의 품질을 결정하는 작업자들에게 나누어 지급하는 돈이다.

집을 짓는 일이 쉽지 않은 일이라는 것을 인식하면서도

견적서를 보는 사람들의 일반적인 반응은 거의 비슷하다.

등급이 좋은 자재를 쓰는 것에는 수긍하지만

인건비 항목에서는 매우 난감한 표정을 짓는다.

하지만 집의 품질은 좋은 자재뿐 아니라

오랜 시간 숙련된 작업자의 실력과 자존심으로 결정된다.

건축주 눈에 보이지 않는 과정의 속속들이까지 엄격해야

비로소 내가 원하는 집으로 완성되는 것이다.

겉으로 보았을 때야 이것도 집 저것도 집이지만

싼 노동력이 완성한 집은 곧 치명적인 하자를 드러내고

● 다락방으로 올라가는 계단 아래에는 버려지는 공간이
없다. 짜임새 있는 수납공간을 만들어 작은 집의
정리정돈에 큰 도움이 된다.

● 거실의 미닫이문을 열면 저 끝에 주방이 보이고
작은 복도의 우측에 화장실이 배치되어 있다.

그 하자를 해결하자면 보수비를 추가로 지불해야 한다.

하자가 많으면 건축주도 불쾌하지만 시공사에도 손해다.

그런 이유에서도 제대로 된 시공사는 숙련된 작업자를 확보하는 데 공을 들인다.

이는 똑같은 흙덩이를 주었을 때

아이와 도공의 결과물이 다르다는 것을 잘 알고 있기 때문이다.

제천의 건축주 부부가 고민하고 선택한 집은

앞으로도 여느 집보다 월등한 성능으로 보답을 할 것이다.

집을 짓고자 마음을 먹었다면 우선 질문을 하자.

나는 내가 가진 흙덩이로 무엇을 만들고 싶은지.

꿈으로의 첫걸음
소형주택 '모두家'

20여 년 전 전원주택 바람이 불었을 때를 돌아봅니다.
그때 여유가 좀 있는 사람들은
한적한 교외에 땅을 사고 앞다투어 크고 예쁜 집을 지었습니다.
하지만 그렇게 지어진 집들은 몇 년 못가 매물로 나오기 일쑤였습니다.
누구나 꿈꾸는 크고 예쁜 집에 치명적인 결함이 나타났기 때문입니다.
추위가 시작되면 한도 끝도 없이 들어가는 난방비와
결로 곰팡이에 두 손을 든 것이지요.

우리는 '비싼 집'의 잘못된 정의를 갖고 있습니다.
중요한 요소를 모두 반영하여 잘 지은 집은 비싼 집이 아닙니다.
싸게 지었지만 사는 동안 계속 비용이 발생하는 집이 비싼 집입니다.
아무리 불을 때도 그때뿐인 집.
바닥은 따뜻한데 코가 시린 집.
크고 작은 하자로 끊임없이 보수비를 지출해야 하는 집.
결국 지을 때 아꼈던 돈이 집의 결함을 커버하기 위해 들어갑니다.
하지만 근본 원인은 기초단계부터 진행된 과정 중에 있기 때문에
완벽하게 해결할 수 없습니다.

다행히도 이제 소비자는 현명해졌습니다.
허울뿐인 겉 보다 꼼꼼히 내실을 살피는 안목이 생겨나기 시작했습니다.
그리고 꿈에 한걸음 가까워지는 현실적인 집
소형주택에 관심이 쏠리고 있습니다.

'미니멀 라이프'

이 말은 소형주택의 짝처럼 느껴지는 말입니다.
불필요한 물건을 들이지 않고 간소하게 생활을 꾸리는 법.
물건이 차지하는 공간이 준다는 건
사람을 위한 공간이 넓어진다는 뜻입니다.
생활과 환경을 단순화하면 불필요한 에너지 소모가 줄고
중요하게 생각하는 것에 집중하는 데 도움이 됩니다.

그런데 '소형주택' 하면 고민스러운 것들도 함께 떠오릅니다.
과연 작은 집에 필요한 것들을 다 갖출 수 있을까.
누군가 찾아왔을 때 편히 쉬고 갈 여유 공간이 없어 어떡할까.

작은 집이라 해도 꼭 필요한 것들은 생략할 수 없습니다.
냉장고, 세탁기와 같은 생활 가전은 필수로 갖춰야 하지요.
하지만 그 외의 것들에 대해선 대안이 필요합니다.

서구에서는 이미 서브공간으로 자리 잡은 조립식 창고.
늘 쓰는 물건이 아니거나 상온에서 변하지 않는 것들은
집안이 아닌 창고에 정리할 수 있습니다.

방문객을 걱정하는 마음도 다시 생각해 보기로 합니다.
꾸준히 손님이 많은 집이라면 애초에 소형주택을 고민하지 않습니다.
'어쩌다 한 번이라도 누가 오면'이라는 가정을 하고 있는 것이지요.
자녀나 절친한 친구의 방문이라면 흉허물이 없으므로
하루 이틀쯤 불편을 감수하면 됩니다.

자주 쓰지 않는 물건이 차지하는 공간
자주 오지 않는 사람들을 위한 공간보다
정말 그곳에 사는 사람을 위한 합리적인 집.
적어도 집은 '나만의' 공간일 수 있어야 합니다.

모두家가 | Modu家Ga

우리 모두가 꿈꾸고 머물 수 있는 모두家

모두家는 거실, 주방, 다락방, 화장실, 보일러실로 구성된 주거의 모든 요소를 갖춘 작지만 충분한
모듈러타이니하우스(Modular Tiny House)이다.

모두家 6.0 (농막)

| 면적 : 1층 – 19.50㎡(5.89py) / 데크–15.36㎡(4.64py)
크기 : 6.5m(가로) x 3.0m(세로) x 3.1m(최고높이)

▷ 모두家는 어떻게 설치하나요?

농사용 창고 및 간이휴게시설인 농막은 주택이 아니기 때문에 건축법에 따른 건축신고나 허가를 받지 않아도 된다.
농지(지목이 전,답, 과수원인 경우)에만 설치가 가능하고 농지전용허가(신고)나 개발행위허가 등의 절차를 거치지 않아도 된다.

관할 면사무소(주민센터)에서 가설건축물로 신고는 해야 합니다. 면적이 20㎡이하로 제한돼 있으며 전기나 수도,가스 등의
시설을 할 수 있다. 2017년 7월부터는 개발제한구역(그린벨트)에도 농막 설치가 가능하다.

모두家 8.4

| 면적 : 1층 – 19.50㎡(5.89py) / 다락방 – 8.30㎡(2.51py) = 8.4py
크기 : 6.5m(가로) x 3.0m(세로) x 4.9m(최고높이)

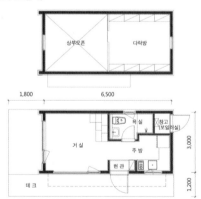

모두家가 | Modu家Ga

우리 모두가 꿈꾸고 머물 수 있는 모두家

모두家는 공장에서 제작하여 고객이 원하는 장소에 운반, 설치되는 모바일하우스(Mobile House) 소형주택이며,
패시브공법으로 설계, 시공되어 따뜻하고 쾌적하여 주말주택, 세컨드하우스로 최적입니다.

모두家 12.0 | 면적 : 1층 – 19.50㎡(5.89py) / 데크-15.36㎡(4.64py)
　　　　　　　　 | 크기 : 9.0m(가로) x 6.8m(세로) x 3.1m(최고높이)

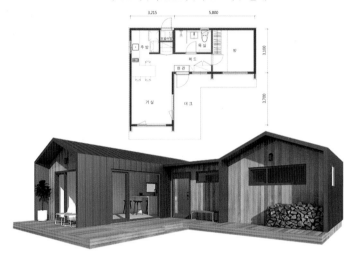

▷ 모두家를 추 후 정상적인 집이나 별채로 사용하려면 어떻게 해야하나요?

건축법을 지켜 지은 농막이라면 추 후 농지전용허가나 개발행위허가 등의 절차를 거쳐 준공을 받고 사용할 수 있다.
하지만 건축법의 단열규정을 맞추지 않고 단순히 농막용으로 지은 건물이라면 단열보완 등의 추가 공사가 필요하다.

그리고 농막은 땅바닥에 기초를 치고 고정하면 안 되기 때문에 바닥에서 띄워 놓는다.
하지만 주택인 경우에는 기초에 고정돼야 하므로 농막으로 사용하다 주택으로 변경하려면 추가적인
기초공사 등이 필요하다.

▷ 모두家는 어떻게 만들어지나요?

모두家는 난방설비를 하지 않아도 실내온도를 20℃ 정도로 유지할 수 있는 패시브하우스의 공법과 자재,기능을 그대로
따랐다. 단열재는 물론 창에 많은 신경을 써 3중 유리로 된 독일식 시스템 창호를 사용하고 열회수환기장치를 달아
실내공기질 관리도 가능토록 했다. 요즘처럼 미세먼지가 심할 때 아주 유용하게 사용된다.

모두家는 설계부터 다릅니다.
높이 125mm의 H빔과 철골로 틀을 만든 위에 다시 목재로 베이스를 깔아 단열 후 바닥을 만들고, 그 위에 경량목구조를
세워 외장을 완성한다. 일반 이동식농막 및 주택들은 대부분 전기필름난방을 사용하지만 모두家는 건식온돌로 가스보일러를
사용할 수 있다.

● 모두家 8.4평형 소형 저에너지 주택

'모두家'는 모두가 꿈꾸는 공간입니다.
패시브하우스 5대 기술요소를 적용하여
아늑함과 쾌적한 실내를 보장합니다.

패시브하우스를 짓는 기술력으로 태어난 '모두家'는
보이지 않는 곳에 최대한의 노력이 집약되어
사는 동안 고개가 끄덕여지는 바른 집입니다.

'모두家'는
여타의 이동식주택 수준과의 비교를 거부합니다.
적은 난방비로 보장되는 따뜻한 실내와
창을 열지 않아도 집안을 가득 채우는
쾌적하고 풍부한 산소로
여러분의 삶을 건강하고 여유롭게
만들어 드릴 것입니다.

● 모두家 12평형 소형 저에너지 주택

'모두家'는
여러분의 귀촌 혹은 전원생활의
꿈과 함께 합니다.
소형이라 행정적 절차의
번거로움이 없으며
비와 햇빛만 피할 수 있는 농막과 달리
땀을 식히고 씻어낼 수 있습니다.
난방비 걱정이 없어 계절에 상관없이 머물 수 있고
언제고 와서 쉴 수 있는 힐링 공간으로
여러분의 발걸음을 이끌 것입니다.

독채로도 충분히 훌륭한 '모두家'는
이동식주택의 이점을 발휘해
나중에 본채를 시공할 경우 별채로써 활용도가 높습니다.
그러므로 귀농·귀촌은 물론 그 어떤 시작에도 든든합니다.

모두家가

우리 모두가 꿈꾸고
머물 수 있는

모두家